ART ENCYCLOPEDIA

高高 BOOKS

青少年科学与艺术素养丛书

中外戏剧

小书虫读经典工作室　编著

天地出版社 | TIANDI PRESS

山东人民出版社·济南

国家一级出版社　全国百佳图书出版单位

图书在版编目（CIP）数据

中外戏剧 / 小书虫读经典工作室编著. — 成都：
天地出版社；济南：山东人民出版社，2022.6
（青少年科学与艺术素养丛书；18）
ISBN 978-7-5455-7078-6

Ⅰ.①中… Ⅱ.①小… Ⅲ.①戏剧史—世界—青少年
读物 Ⅳ.①J809.1-49

中国版本图书馆CIP数据核字（2022）第072424号

ZHONGWAI XIJU

中外戏剧

出 品 人	杨　政	
编　　著	小书虫读经典工作室	
责任编辑	李红珍　李菁菁	
装帧设计	高高国际	
责任印制	董建臣	

出版发行　天地出版社
（成都市锦江区三色路238号　邮政编码：610023）
（北京市方庄芳群园3区3号　邮政编码：100078）
山东人民出版社
（山东省济南市市中区舜耕路517号11-14层　邮政编码：250003）
网　　址　http://www.tiandiph.com
电子邮箱　tianditg@163.com
经　　销　新华文轩出版传媒股份有限公司

印　　刷　北京盛通印刷股份有限公司
版　　次　2022年6月第1版
印　　次　2022年6月第1次印刷
开　　本　700mm×1000mm 1/16
印　　张　300（全20册）
字　　数　4800千字（全20册）
定　　价　998.00元（全20册）
书　　号　ISBN 978-7-5455-7078-6

厚植沃土——在知识与知识之间

序一

　　高品质的图书是精良的知识补给，对于基础教育至关重要。它应该是客观的、开阔的、系统性的。"青少年科学与艺术素养丛书"由小书虫读经典工作室编著，整套图书共 20 册，涉及艺术素养的有 10 册，它们内容翔实，不仅涵盖了中国和外国的绘画史、文学史等基础内容，亦包括关于中国书法史和中外音乐史、建筑史、戏剧史等别具一格的分册。

　　系统的知识构成，体现出教育认知的深度。各分册之间的内在关联，则凸显出丛书的科学性和计划性。在这套丛书中，各门类知识之间不仅环环相扣，更是相互嵌套的。知识之间的这种线性链接和复合交错的双重属性，就是知识的基础结构，它是促成人类自主认知机制的内在支撑。比如丛书中《外国美学》与《外国绘画》就是这种链接关系，美学史与绘画史之间，既是抽象和具体的关系，亦是文本和现实的对照。

　　精良的知识系统具有复合性。各知识门类之间彼此交叉、互为成全。建筑、戏剧等具有空间属性的艺术，本身便是社会现实的写照，体现了人类在自然条件下开拓和营造空间的能力。它既得益于知识之间的相互结合，又是孕育新知识的母体。建筑艺术就是这方面的典型，它一方面依赖于知识的综合性，一方面又营造了知识生产的文化生态，成为新知识培育和娩出的子宫。丛书中的分册《中外建筑》着实令我欣喜，这俨然显示出一种气象不凡的新型知识格局。

　　优质的系列丛书具备均衡性。就公民美育的目标而言，大美术是一个富于活力的概念，它为整体素质的提升创造了更为丰富的成长路径和进步空间，对处于启蒙阶段的儿童以及思维养成阶段的少年而言更是如此。美育的入道，理应多元并举、触类旁通。语言文学和视觉艺术之间存在贯通的可能性，听觉艺术和视觉艺术之间也具有内在关联。不同的感官是人类认知世界的通道和媒介，我认为所有感官的开启和闭合都是阶段性的，令我们得以交替运用不同的方式去认知世界。因此，我们需要从小关照各种感官，启发、呵护、培植它们，令它们保持开启的可能性与敏感性，以便伺机而生、临机而动。

在一个人思维模式的形成过程中，理性思维是认知基础和养成目标，但感性思维亦不可或缺。理性主宰着思维方式，感性则关乎灵气。文学、美学、艺术以及建筑领域的经典个案，皆渗透着情感的力量。每一种知识体系的形成都历经了漫长的演变过程，这就是历史。历史学习之所以重要，就在于理性观摩的积淀，以及感性思维的导向，由此，我们可以看到一种理性与感性反复交织的自生模型，并深得裨益。

苏 丹

清华大学艺术博物馆副馆长、清华大学美术学院教授

2020 年 3 月 4 日于北京·中间建筑

有艺术滋润的生活才快乐

序二

在人类历史的漫长岁月中，艺术一直伴随着人们的生存和发展。数千年来，不同地区、不同生活生产方式下的人们，无不拥有着各自不同形式的艺术。文学、戏剧、音乐、绘画、建筑、美学等艺术形式，不仅记录了人类自身的生产实践，更表达着他们代代相传的丰富想象力及对理想信念、品德智慧的情感追求。

文化艺术活动反映人们的精神世界，是人类生活表象背后的精神轨迹，也是人类社会的内涵和价值取向。审美生活是人类生活中最高贵的形式，没有艺术滋润的生活是不快乐的。"仓廪实而知礼节，衣食足而知荣辱"是中国古人留给我们的箴言。子曰："志于道，据于德，依于仁，游于艺。"蔡元培先生认为，美育是最重要、最基础的人生观教育，"所以美足以破人我之见，去利害得失之计较，则其所以陶养性灵，使之日进于高尚者，固已足矣"。文化艺术是人类情感精神活动的结晶，是人类的最高境界和生活方式。这种超越物质生活的精神层面之自由天地，就是文化艺术存在的重要意义。

在当今中国的社会生活中，孩子们学琴、学画画儿，参加各种艺术活动已非常普遍。为了提高学生的美育水平，社会、学校都有明确的目标要求和行动落实。未来中国，文化生活将会变得越来越必需，越来越重要。引导孩子们从小了解、速览各门类艺术史，借此在潜移默化中提升气质修养、凝聚精神力量、积累学识认知可谓至关重要。

这套丛书中与艺术相关的分册内容非常丰富，包括文学、戏剧、音乐、绘画、书法、建筑、美学等各艺术门类，知识性、专业性很强，但又并不枯燥难懂。每本看似体量不大，却是对该艺术门类发展史的高度概括和简述，直观清晰。古今中外，人类文明发展过程中曾对人的精神产生过重要影响的各种艺术形式、观点、环节、人物、作品如同被卫星定位和导航般，在此一下子轮廓尽收，路径显现。

把数千年来的专业知识用通俗易懂的方式介绍给孩子们不是件容易的事。这不是一个简单的"浓缩历史"的工作，而是一项长期且艰难的系统工程。编者需要付出极大的耐心和做出大量的案头工作，必须分门别类，撷取精华，去伪存真，突出特点；同时还要各门类间互为参照补充，遥相印证，准确表达。孩子们通过阅读这套艺术简史，可以了解、掌握必要的"打底"知识，从而理解人类精神情感生活来源的方方面面及发展脉络，可开阔视野，增长见识，激发情趣，进而通过艺术理解生活，实属开卷有益。

还应该引导读者们通过阅读这套书，发现这样一个现象：每当世界有了新的技术和情感记录方式时，文学艺术的创作风格就会另辟蹊径。所谓从物质文明到精神文明的飞跃恰恰体现于此，而为什么说文化是现代社会的核心价值观和竞争力，也体现于此。

读者们通过图文并茂的阅读熟悉了历史的内涵，有了坐标之后，再去博物馆、美术馆、大剧院、音乐厅，感受、印证、共鸣一番，大量知识自然会轻松理解，终生难忘……

我离开大学30多年了，读了这套简史，又重温了一遍人类文明进程中的许多重要故事，收获颇丰，感慨良多。我觉得这套简史就是奉献给小读者们学习的精美甜点，如开启智慧的方便法门。不光对孩子们有帮助，同时也可供大人和孩子一起读，交流分享读书感受，老少皆宜，裨益生活。

安远远

中国美术馆副馆长

2020 年 3 月 10 日于中国美术馆

中国戏剧

第一章　装神弄鬼，戏弄世人

（前 7500—960 年）

戏曲的源头可以追溯到原始社会的宗教仪式，其中带有模仿性的歌舞可以被视为中国最早的戏剧。这些歌舞活动最初是由大众参与的，后来出现了专职负责祭祀活动的人——巫觋。他们在祭祀、宗教仪式活动中负责"装神弄鬼"。先秦时期，娱乐性表演渐渐增多，出现了专门进行娱乐性表演的艺人——优人。娱乐表演的职业化及优人的出现，是戏剧萌芽的开端。

手持牛尾唱歌的人 — 5

优人大显身手 — 7

《踏谣娘》 — 11

戏弄和被戏弄 — 13

各类说唱 — 14

古代的舞台 — 16

在佛寺和官署演戏 — 19

第二章　在瓦舍勾栏里说学逗唱、插科打诨

（960—1368 年）

汉唐盛行的"百戏"在宋代发展成为"杂剧"。"杂"意即杂多，包括杂技、优戏、说唱等。"杂剧"虽然有"剧"之名，但还不能算是真正意义上的戏剧，不过它已经开始出现分段式演出和角色划分。瓦舍勾栏出现后，诸多表演艺术汇聚在一起。这方便了艺人们在表演中互相吸收其他表演艺术的特点，由此熔铸出了更加完美的艺术表现形式，那就是将歌舞、叙事说唱和优戏表演相结合的戏曲。

皇帝做编剧的宋杂剧 — 23

金人掳走了众多艺人 — 27

四大爱情故事 — 29

朱元璋赞叹《琵琶记》 — 33

辉煌的元杂剧 — 36

木偶戏的历史 — 41

随军演出的影戏 — 44

家庭戏班 — 47

五颜六色的扮相 — 49

第三章　昆曲，传奇时代的一朵奇葩

（1368—1644 年）

宋代出现的杂剧和南曲戏文，在明代开始朝着两个方向发展。杂剧在明初时还主宰着戏曲舞台，但后来渐渐衰落。南曲戏文却因为有着更加成熟的戏曲性质，且因为它兴起于民间，所以得到越来越广泛的推广，于是更加繁盛。南戏流传到不同地区后，它的腔调也发生了变化，其中最引人注意的是江苏昆山腔演唱的南戏。

南戏四大声腔 　— 　55

"不登大雅之堂"的高腔 　— 　57

传奇和昆曲的兴盛 　— 　59

千古绝唱《牡丹亭》 　— 　63

第四章　石破天惊，国粹京剧的诞生

（1644—1911 年）

清代是我国戏曲最鼎盛的时期。在明代兴盛起来的传奇、昆曲，在清初继续主宰着戏曲舞台，出现了堂会戏、折子戏等众多名目的戏曲类型。到了中后期，传奇、昆曲衰落了，各地方唱腔和戏种蓬勃兴起，戏曲舞台上出现了百花争艳的局面。最终，秦腔、京剧后来居上，取代原来昆曲的地位。而京剧更是成为中国戏曲之花中最具生命力的一"枝"。

盛极而衰的传奇和昆曲 　— 　69

在天愿作比翼鸟 　— 　71

眼见他起高楼，眼见他楼塌了 — 74

李渔的风情喜剧 — 76

一边打仗，一边唱秦腔 — 78

京剧横空出世 — 81

京剧成熟于光绪年间 — 85

堂会戏繁荣发展 — 87

第五章 旧戏、新剧一起上

（1912—1949 年）

民国时期的中国戏剧有三条主流：一是由西方文化而来的话剧逐渐成熟并且大众化；二是在清末开始形成的地方戏种逐渐成型、发展；三是京剧界出现了众多卓越的艺术家，使京剧走向了鼎盛时期，乃至走出了中国。"京剧三贤"梅兰芳、杨小楼、余叔岩的出现，是京剧兴盛的标志。尚小云、荀慧生、程砚秋和梅兰芳组成的京剧"四大名旦"，则标志了京剧鼎盛期的到来。

中国人演外国剧 — 93

田汉与《名优之死》 — 97

"中国的莎士比亚"曹禺 — 99

善演猴子的杨小楼 — 101

中国的梅兰芳，世界的京剧 — 103

紧随"梅"后尚、程、荀 — 108

外国戏剧

第六章　辉煌属于希腊，伟大属于罗马

（前 800—476 年）

古希腊是西方戏剧史上第一个重要时代，更是一个伟大的时代，出现了很多优秀的戏剧家，有被称为"悲剧之父"的埃斯库罗斯，有戏剧界的"荷马"索福克勒斯，有喜欢将哲学搬到舞台上的欧里庇得斯，有让喜剧蓬勃发展的阿里斯托芬……古希腊的文明历史结束后，古罗马人开始了长期的征战。在战争中，被罗马兵团从希腊俘虏来的奴隶将希腊文明带给了古罗马。特别是希腊奴隶安德罗尼库斯，因得到了主人的欣赏，为主人的子弟们讲课，还为"罗马大祭赛会"时演出的戏剧编写剧本。就这样，希腊戏剧被传到罗马，并得到了有力的传播。

英雄普罗米修斯 　—　115

弑父的国王 　—　119

美狄亚与金羊毛 　—　121

鸟国 　—　124

兄弟的误会 　—　126

特洛伊妇女 　—　129

第七章　一千年的长夜，三百年的黎明

（476—16 世纪）

476 年，西罗马帝国灭亡，欧洲古代史终结，进入长达一千年的中世纪。中世纪是欧洲历史上的"黑暗时期"，同时也是戏剧史的"黑暗一千年"。到了 14 世纪，欧洲迎来文艺复兴。在资产阶级倡导的人文主义的影响下，欧洲的戏剧艺术发生了翻天覆地的变化。

神秘剧：见证上帝的奇迹　—　135

"时代的灵魂"莎士比亚　—　137

王子复仇记　—　139

李尔王的战争　—　143

女巫的预言　—　145

第八章　理智和情感打了二百年

（17 世纪—18 世纪）

17 世纪的欧洲是古典主义的天下，戏剧也不例外。古典戏剧最重要的特点就是"皇权"。在这个世纪，欧洲皇室加强文化专制，强调"皇权"至高无上的地位，因而戏剧只能高度倾向于政治。高乃依的"戏剧三论"是古典戏剧的理论结晶，其中最重要的一点就是"三一律"。18 世纪，随着启蒙运动发展，首先在法国，戏剧冲破皇权的束缚，出现了市民戏剧，但古典戏剧仍然大有可为。

恋人变仇人　—　150

干尽坏事的良心导师　—　153

王后爱上王子 —— 157

一个仆人和两个主人 —— 161

四个人的感情闹剧 —— 165

专门造谣诽谤的"学校" —— 167

在暴风雨摧残之前，一朵玫瑰折了下来 —— 171

第九章　打破一切束缚，以奇制胜

（18世纪末—19世纪）

在法国大革命倡导的"自由、平等、博爱"思想的推动下，对个性解放和情感抒发的需求，对个人独立和自由的强调，成为浪漫主义思潮的核心思想。所以浪漫主义戏剧都有着鲜明、强烈的个性，故事情节都具有传奇性色彩，语言浪漫通俗，情调多姿多彩。浪漫主义剧作家有两种截然不同的类型：一种是消极的浪漫主义，完全沉浸在个人的理想世界中，以此来逃避现实；另一种是积极的浪漫主义，他们面对历史，表现出上进的热情。

《阴谋与爱情》 —— 177

贵族与国王的斗争 —— 180

浊世中的圣洁茶花 —— 183

孤独者拜伦 —— 187

冒牌钦差大臣 —— 189

错位的真情 —— 191

第十章　将真实的社会搬上舞台

（19世纪）

在19世纪的后半叶，资本主义社会腐败黑暗，充满了罪恶。随之出现了批判社会和揭露黑暗的戏剧——现实主义戏剧。现实主义戏剧继承了古希腊、古罗马、文艺复兴和启蒙主义戏剧的特点，结合了时代的特色和精神，在现实主义美学的原则下，将真实的社会搬到了舞台上。

娜拉出走以后 ── 197

庄园的生活 ── 199

《樱桃园》：末代贵族的挽歌 ── 201

"低贱"的母亲和"高贵"的女儿 ── 204

第十一章　现代派：八仙过海，各显神通

（20世纪）

在现实主义戏剧之后，欧洲又出现了一个重要的流派，那就是现代派戏剧。这个流派由多个小流派组成，如象征主义戏剧、表现主义戏剧、未来主义戏剧、超现实主义戏剧、存在主义戏剧和荒诞派戏剧等。五花八门的小流派让戏剧在这期间出现了百花齐放的现象，可谓是欧洲戏剧史上重要的一笔色彩。

钟匠与水妖 ── 209

一夜暴富的出纳员之死 ── 211

《榆树下的欲望》 — 213

一间密室，三个亡灵 — 215

在一个没有时间的世界里等待 — 217

当人变成了犀牛 — 220

中国戏剧

第一章

装神弄鬼，戏弄世人

（前 7500—960 年）

　　戏曲的源头可以追溯到原始社会的宗教仪式，其中带有模仿性的歌舞可以被视为中国最早的戏剧。这些歌舞活动最初是由大众参与的，后来出现了专职负责祭祀活动的人——巫觋。他们在祭祀、宗教仪式活动中负责"装神弄鬼"。先秦时期，娱乐性表演渐渐增多，出现了专门进行娱乐性表演的艺人——优人。娱乐表演的职业化及优人的出现，是戏剧萌芽的开端。

【图1】 青海同德宗日遗址出土的舞蹈彩纹陶盆

手持牛尾唱歌的人

　　中国戏剧的起源可以追溯到上古时代的歌舞表演，这从一些近年出土的上古文物中可以依稀看到些端倪（图1）。有关上古时代歌舞的记录，在《吕氏春秋·仲夏纪》中可见，说葛天氏是上古时期一个部落的首领，他的部落驻地据说在今河南省宁陵县、长葛市一带。葛天氏组织部众演奏时，有的人手持牛尾，有的人踏着脚唱歌，歌咏祖先和歌唱草木、五谷的生长。原始的歌舞既跟生活有关，也跟原始人们的信仰有关，还是首领们用来教化民众的一种方式。

　　颛顼（zhuān xū）登上帝位后，令人效仿自然界的各种声音作乐，取名"承云"，并与动作相结合表演。

　　随着古时候人们生活积累的经验变多及乐器的产生，歌舞表演更加多样化起来。帝喾统治时，当时的乐人制作了鼙（pí）、鼓、钟、磬（qìng）、吹苓（líng）、管、埙（xūn）、篪（chí）、鼗（táo）、椎等乐器。帝喾让人演奏这些乐器的时候，又命令其他人随着乐曲舞蹈。

　　由于生活经验有限，又或者是出于自然崇拜的迷信心理，原始歌舞表演除了具有神话色彩这个共性，还有一个共同点是模仿性特别强，包括对飞禽走兽的模仿，对人们自己日常狩猎动作和征战的模仿。既是模仿，就会出现装扮。《吕氏春秋·仲夏纪·古乐》提到，当钟、磬等乐器造出来后，帝喾让人演奏音乐的同时，还"令凤鸟、天翟舞之"。其中的"凤鸟"就是由人装扮的。

【图2】 甲骨文"舞"

原始歌舞虽然简单，但它具有了戏剧中重要的组成部分：歌舞和扮演。从这点来说，它是戏剧的源头。在它逐渐发展的过程中分化出了一批能歌善舞的人才。在自然崇拜、图腾崇拜和祖先崇拜的原始社会，这些人就成为专门负责歌舞事宜，也就是负责沟通天、人的组织者和执行者。巫觋（xí）作为原始歌舞的专职人员，可以被视为中国最早的戏剧艺术家。

其中的"巫"就是"舞"的意思。甲骨文象形文字"舞"的图形是一个人双手执牛尾（图2），"巫"的象形文字取"舞"的整体轮廓，成形后笔画简单却寓意深刻。因"舞"而有"巫"，是古代专职歌舞者的固定称谓，也说明了古代社会中祭祀活动的重要性。

颛顼时的音乐

据《吕氏春秋》的记载，颛顼帝时代，人们作乐的时候，命令"鱓（shàn）先为乐倡。鱓乃偃寝，以其尾鼓其腹，其音英英"。"鱓"就是鳄鱼，"乐倡"意即奏乐首领，"偃寝"是躺卧的意思。颛顼帝能够役使动物作为奏乐的首领，这很有可能是一种来自神话传说的记录。更为可信的是，鱓并非真的鳄鱼，而是由人来扮演的。从内容来看，"鱓"躺下用装饰的尾巴敲打自己的肚子，以便发出"英英"的和声，这说明了早在远古时期，音乐与动作相结合的表演已经萌芽。

优人大显身手

戏剧的萌芽，是随着歌舞的演变、祭祀活动的丰富而产生的。据记载，公元前17世纪的夏桀时代就已经出现了一部分擅长歌舞表演却不是巫觋身份的人群，这类人被统称为"女乐"。女乐的工作逐渐演变成一个职业，称为"优"，也就是演员。值得一提的是，优人只限于男性。优人在古代分为几种，身材矮小的称"侏儒"，擅长搞笑的称"俳优"或"俳倡"，擅长演奏乐器的称为"伶优"，擅长歌舞的称"倡优"。优人不需再做传统的祭祀之事，只需提高表演才艺，侍奉帝王。优人的出现标志着从原来的祭祀歌舞衍生出了专门的娱乐业，也意味着古代歌舞表演具备了初级的戏剧形态。

在春秋战国时期，各个诸侯国的宫廷中都出现了许多优伶弄臣。《史记》中的《滑稽列传》篇记载了"优孟衣冠"的故事：春秋时期的楚国人优孟以优伶为业，名为孟，擅长表演，深得宰相孙叔敖欣赏。孙叔敖在死前叮嘱儿子说，如果以后生活遇到困难就去找优孟。孙叔敖为政清廉，他死后家中失去依靠，家境衰落，他的儿子靠担柴为生。优孟知道这个情况后，向孙叔敖的儿子要了孙叔敖的衣服帽子，然后他在家里扮演成孙叔敖，练习其音容笑貌。一年多后，优孟穿上孙叔敖的服饰去见楚王。楚王和众臣看到"孙叔敖"复活，又惊又喜。楚王爱屋及乌，请假"孙叔敖"优孟做宰相。优孟以孙叔敖为官清正却不能福泽后世为由，推托不就。楚王由此知道了孙叔敖后世的家境，改善了他妻儿的生活。从上述故事可见，优秀的优人在先秦时期已经

【图3】 东汉说唱俑

成为帝王的宠臣。他们可以利用身份便利，通过暗含寓意的表演或俏皮话讽谏帝王。

在春秋时期，优人的表演亦如祭祀性歌舞一样，从宫廷铺展到了民间。汉代已成形的"百戏"不是指某一种成型的、规范的戏剧艺术，而是指包含歌舞、杂技、俳优戏、体育竞技等表演形态的技艺大杂烩的总称。

汉代百戏的活动面貌空前繁荣，民间表演节目十分丰富，以竞技类为主。东汉张衡在《西京赋》里面提到竞技类的节目有扛鼎、爬竿、钻圈、走索、舞剑、吞刀、吐火、燕濯（翻跟斗越过水面）、胸突钻锋（以胸腹抵刀悬空而卧）、倒立、马术等。百戏中还有音乐舞蹈、侏儒表演、俳优表演及带有情节的故事表演等（图3）。

百戏内容的丰富性对中国戏剧的产生起到了决定性的作用。它使得表演者和有能力接受这种娱乐的统治阶级看到了舞台上的另一种可能，也由此产生了更高一级的追求。

在不断演化、发展的过程中，越来越多的歌舞戏具有了故事情节，比如魏晋南北朝产生的《代面》《踏谣娘》《拨头》等，其中《代面》又称为《大面》，是一出戴着面具演出的歌舞戏，其故事题材来源于北齐时兰陵王的故事。兰陵王姓高，名长恭，是北齐奠基人大丞相高欢之孙，同时是北齐文襄帝高澄的第四子，被封为兰陵王。兰陵王英勇过人，作战威猛。因为容貌清秀，他恐怕不足以威慑敌人，作战时常常戴木雕面具上阵。兰陵王深得齐人敬仰，歌舞艺人以他为原型，模仿他的动作编舞配曲，称《兰陵王入阵曲》，也称《兰陵王》。《代面》就是根据《兰陵王入阵曲》改编而来的，突出表现兰陵王在征战中的勇猛。在演戏时，扮演兰陵王的演员头戴狰狞的面具，穿紫衣，着金色腰带，手执鞭，表现出指挥、击刺的样子。《兰陵王》在唐代成型后还传入了日本，在日本广为流传。今天的日本保存了其历代《兰陵王》服饰面具共有64件，在奈良寺中还可以见到一件题字为"东寺唐古乐《罗陵王》接腰"的服饰，署年是"天平胜宝四年"，即唐代天宝十一年（752）。

兰陵王戴面具上战场也许只是传说，因为在《北齐书》的记载中，他戴的是头盔而不是面具。虽然不得其实，但当时的歌舞艺人选择了更为接近艺术的表演形式。在其他的歌舞戏中也常出现面具。唐代歌舞戏中的面具，跟后来京剧中出现的"脸谱"也许不无关系。

优旃和郭舍人

战国时秦国的优旃（zhān）和西汉时的郭舍人都是古代著名的优人。秦始皇曾打算动用军事要地，扩大射猎的区域。优旃说："好呀。猎场里多养些禽兽，等敌人从东面来犯时，让麋鹿用角去对付他们就足够了。"秦始皇便打消了扩大猎场的计划。汉武帝的乳母因家人犯罪受牵连，被判流放边疆。乳母请郭舍人帮忙，郭舍人叮嘱了一番。等乳母与汉武帝辞别时，她就照着郭舍人说的，既没求情也没哭喊，只是频频回头。这时，郭舍人就在一旁骂道："老女人还不快走！难道陛下现在还需要你的乳水才能存活吗？"汉武帝起了恻隐之心，便宽恕了乳母。

《踏谣娘》

　　唐代的歌舞戏，著名的有《苏莫遮》《苏中郎》《秦王破阵乐》及《踏谣娘》这四出。它们仍是以歌舞形态为主，同时具备了个性化的人物装扮和一定的故事情节。《踏谣娘》属于踏歌。所谓踏歌，原是一种祭祀性歌舞，到唐代时演变成当时的流行舞蹈，一直流传至今。踏歌的基本特征在刘禹锡《踏歌词》中有提到："春江月出大堤平，堤上女儿连袂行。"句中的"连袂"指出游的女子们手牵着手，这是踏歌的特征之一。此外，它还有踏地为节拍，且步且歌、一人唱众人和等特点。

　　《踏谣娘》的表演，带有较浓烈的戏剧表演成分。表现的是北齐时一妇人受酒鬼丈夫殴打后向邻人哭诉的故事，演员们"且步且歌"，符合唐代踏歌的特征，以歌舞、装扮等综合手段来展示剧情，揭示人物心理，已经接近后世的歌舞小戏。它的戏剧水平是唐代歌舞戏中最高的，因此被视为在宋元戏文出现之前戏剧性最强的歌舞戏。

【图4】 唐参军俑

戏弄和被戏弄

唐代优戏的发展也十分兴盛，有弄参军、弄假官、弄孔子等类型。其中，最为流行的是弄参军一类。

弄参军又名参军戏，它是唐代优戏中最具戏剧形态的一种表演形式（图4）。有人认为参军戏来源于五胡十六国时期后赵的一个故事。后赵国君石勒手下一位名叫周延的参军贪污官绢，被判入狱。有官员为了警戒下属，每逢宴会时就让一优人假扮周参军，又让另一优人在一旁戏弄嘲讽。可见参军戏的表演形式都是以语言为主，其语言又以调侃戏弄为主要特点。

参军戏一开始只有两个角色：一位是扮演参军的优伶，被称为"参军"；另一位是戏弄者，被称为"苍鹘（hú）"。苍鹘是一种凶猛的鸟。如同早期的优伶表演一样，参军戏的演出也是即兴的，可以随时随地根据现场情景来设置主题和调笑的对象。这一自由的形式使得唐代的宫廷和民间同时盛行参军戏。诗人李商隐在《娇儿诗》中写道："忽复学参军，按声唤苍鹘。"形容他的孩子模仿参军戏中参军和苍鹘的表演，写出了儿童活泼的模仿天性。

晚唐至宋时，参军戏的内容在不断丰富中也形成了不同的固定分类，由此产生了相似的"弄假妇人""弄婆罗门"等各种名目的表演形态。这些优戏也以滑稽调笑为主，掺杂歌舞成分，后来又加入了唐宋时期开始流行的说唱艺术。这一融合形式为中国戏曲奠定了以歌舞、说白、表演为一体的基本格局，也对宋代形成成熟的戏剧形态有直接的影响。

各类说唱

唐代的娱乐表演项目，除了歌舞戏和参军戏对中国戏剧的形成有重要影响，说唱艺术和诸宫调的作用也不可忽视。

唐代时，大规模的城市如长安、汴州、杭州等已经开始形成。这些城市经济发达、人口众多，娱乐业的发展也更为紧迫。行业竞争的压力变大，艺人们不得不提高自身的表演水平。在当时逐渐成形的娱乐场"瓦舍勾栏"里，出现了一批讲经说书的人。所谓瓦舍，即寺院，而最初讲经说书的人以寺庙的僧尼为主。他们用说唱形式，以佛经故事为主要内容宣讲经文，深受大众喜欢，为了吸引听众，他们还事先将经文和相关的动人故事编成通俗的文本。文本采用散文和韵文相结合的形式，散文即说白，韵文即有一定韵律如诗、词、赋的文本。这种夹叙夹唱的特殊文本，被称为"变文"。当时著名的变文有《大目乾连冥间救母变文》《伍子胥变文》《阿弥陀经变文》等，前两个的文本在敦煌石窟中仍见藏本。

变文的出现使得说唱表演更加普遍化。唐宋期间，说唱的地点不再限于寺庙，在某些大城市里出现了专门的演出场所，这些场所被称为"勾栏"。表演者也不再限于僧人，而是出现了许多民间艺人。民间艺人的说唱内容除了佛经故事，还有历史传说、民间故事等。说唱由此成为当时一种大众娱乐表演。

变文促进了说唱艺术的繁荣，反过来，说唱艺术的兴盛也带动了变文文学的创作。变文作为一种夹叙夹唱的说唱文学，在文体上已经具备了现代剧本的轮廓，为戏剧能够塑造人物、表现宏大题材创造了条件。后来，在包含器乐、声乐和舞蹈表演的大曲、民间杂曲等歌舞艺术的发展下，变文经过与它们的融合，发展成为更具剧本形态的诸宫调。

诸宫调仍是一种说唱文学，又称"话本"。之所以叫"诸宫调"，是因为表演者在表演的时候用多个宫调的曲子进行说唱。所谓宫调，是指中国古代音乐的各种曲调样式。宫调不同，音调就不同。诸宫调仍是形成于唐代，这是因为来自不同地域的民间艺人所运用的说唱方式不同。当时，汴州（今开封）城的勾栏里出现了诸如嘌唱、叫声、唱赚、鼓子词、淘真、涯词等各种说唱艺术，不同的唱法使得音乐的结构日趋复杂。在这样的影响下，宫调的运用也发生了变化。隋朝时，出现了套曲音乐，又称"组套音乐"，即用同一宫调内不同乐曲连缀而成的大型音乐。到了唐代，为了满足说唱中故事的曲折复杂性，又将不同宫调的多个套曲组合在一起，由此形成了诸宫调。

在诸宫调的形成过程中，不同的乐曲被运用到说唱文学中，丰富了说唱艺术的表演。加之当时歌舞、杂技及乐器的表演日趋成熟，戏剧的雏形渐渐成型，戏剧表演因此呼之欲出。金代时，戏曲家董解元根据唐代文人元稹的《莺莺传》创作了叙事体诸宫调小说作品《西厢记诸宫调》，又称《董解元西厢记》。这一作品音乐丰富，共用了16支宫调、306支曲牌，大大增强了原作的故事性和戏剧性。《西厢记诸宫调》是现存最完整的诸宫调作品，它有说有唱，有主题有故事，情节完善，语言优美。它的出现，直接影响了王实甫《西厢记》杂剧的产生。

总而言之，诸宫调不仅是对音乐的改造，而且是对作品的改造。它多宫调、多曲牌的音乐结构，为早期的戏曲创作广开了视角，为中国戏曲艺术的成熟奠定了基础。

古代的舞台

汉代百戏是戏剧的摇篮，戏剧的舞台形成也始于汉。在汉代之前，歌舞演出多是出于宗教文化或者祭祀、巫术的需要。从众多描绘古代歌舞状况的岩画来看，有一片开阔场地的地域往往是当时最佳的歌舞场所。如新疆呼图壁县的岩画，岩画所附的岩壁前面就是一块山间平坝。这样的场所足够人们尽情歌舞，同时有高挺陡峭的山壁造成神圣感，能给原始人以强烈的宗教体验。

秦汉时期，拥有统治地位的官僚阶级和贵族之家为了满足自己的娱乐需要，修筑了专门观看歌舞活动的建筑场地。从现在留存的一些汉代画像砖和魏晋南北朝时期的一些乐舞记载来看，自汉代百戏兴起后，汉魏时期的演出场所主要有厅堂、露台及广场这三种。厅堂演出属于室内演出，这样的演出活动只在贵族或权势之家里举行，露台演出是指在庭院中或者某个大殿前面搭建的屋宇中演出，广场演出通常由皇帝或贵族组织。《汉书·武帝纪》记载了汉武帝两次观看演出的场景，其中一次是元封三年（前108）春天的百戏会演，"三百里内皆观"。观看的群众从三百里内涌来，如果演出场所不是在空旷的广场上，就不会容得下这么多人。而在另一次记载中，三年后，"夏，京师民众观角抵于上林平乐馆"。平乐馆又被称为"平乐观"，是汉代长安未央宫里一座楼阙，也是汉武帝常用来远观百戏演出的重要场地。李尤在《平乐观赋》曾描写了在平乐观上观看的演出情景，提到演出中有"驰骋白马""吞刃吐火""陵高履索""有仙驾雀，其形幼虬（qiú），骑驴驰射，狐兔惊走，侏儒巨人，戏谑为偶"……演出的节目众多，且又有百马驰骋的戏车一类节目，可见从平乐观处远眺的百戏会演是在广场上举行的。

《东海黄公》

角抵戏《东海黄公》是百戏的一种，它由两个演员按照预定的情节发展进行表演，讲述了东海黄公与一只老虎相斗，最终因年老力衰，且又饮酒过度导致法术失灵而被老虎所杀的故事。表演过程中，分别扮演东海黄公和老虎的两个演员以角力相斗，吸引观众。虽说整部戏缺少语言对话，但它有头有尾、有人物、有情节，俨然一部哑剧。因此，有的戏剧史学家认为《东海黄公》是中国戏剧的雏形。

【图5】 榆林窟第 025 窟壁画中的嫁娶图

在佛寺和官署演戏

戏院在古代被称为"戏场"。自汉代百戏盛行后，戏场开始出现。

东汉时，译经家竺大力和康孟祥二人合译了佛教经典《修行本起经》，里面提到净饭王为太子乔达摩·悉达多娶亲，让群臣观看献艺表演："王敕群臣，当出戏场，观诸技术。"句中的"技术"指的是以角力、相扑等竞技演艺为主的游戏表演，"戏场"则是指观看此类演出的场所。

戏场演出百戏的景况，到隋唐乃至五代时仍可见，且地点仍以佛寺为主。随着百戏的兴盛，特别是歌舞戏、参军戏和优戏的发展日趋成熟，戏场的地点也由寺院改到了其他场地。《资治通鉴》记载了大业六年（610）隋朝政府为接待西域商人而组织的一次会演："帝以诸蕃酋长毕集洛阳，丁丑，于端门街盛陈百戏，戏场周围五千步，执丝竹者万八千人，声闻数十里，自昏达旦，灯火光烛天地；终月而罢，所费巨万。自是岁以为常。"可见，当时的演出场地已经改到了街上，而且这样的演出不止一次，而是每年都有的。

戏场在唐代又被称为"歌场"或"变场"，这是因为唐代时兴起说唱艺术，僧人们讲解佛典教义运用了俗讲或者变文这两种夹叙夹唱的方式。在唐代，戏场演出的内容大多时候跟佛教文化有关，戏场也多设在佛寺内（图5）。

另外，社厅是官署里修建的专门的演出场所，是唐代官府衙门设宴时用来观看演出的地方。看棚属于临时搭建的舞台，在唐代的宫廷和民间同时存在。把观众和表演者有目的性地容纳在一起，形成了一个完整的舞台里外环境。

第二章

在瓦舍勾栏里说学逗唱、插科打诨

（960—1368 年）

汉唐盛行的"百戏"在宋代发展成为"杂剧"。"杂"意即杂多，包括杂技、优戏、说唱等。"杂剧"虽然有"剧"之名，但还不能算是真正意义上的戏剧，不过它已经开始出现分段式演出和角色划分。瓦舍勾栏出现后，诸多表演艺术汇聚在一起。这方便了艺人们在表演中互相吸收其他表演艺术的特点，由此熔铸出了更加完美的艺术表现形式，那就是将歌舞、叙事说唱和优戏表演相结合的戏曲。

【图6】 宋代墓室壁画中的杂剧

皇帝做编剧的宋杂剧

　　中国戏剧的形成，跟宋杂剧的出现有着紧密的联系。所谓杂剧，意即一种内容庞杂的表演艺术，包括口技、杂耍、说唱、滑稽小戏等，同台演出，杂七杂八。

　　"杂剧"一词在唐代时已经出现，其意思类似汉代的"百戏"。宋代建立不久，统治阶级为了满足自己的娱乐需求，同时安抚民众、稳定社会，将前朝各国的优戏人员搜罗到京城，其中一部分放在皇宫外，另一部分则被调到了宫廷乐部机构——教坊部。教坊部设置了专门的杂剧演员，他们负责朝廷举行的各类庆典活动和宴会中的演出，包括歌舞、优戏、杂技等游艺节目，统称为"杂剧"。主管杂剧班子的教坊大使一般由杂剧演员出任，大使之下有副使，两人负责杂剧班平时的彩排活动并审看。

　　宋杂剧继承了前代的优戏风格，以滑稽调笑为主，又融合歌舞戏、参军戏、说唱、词调、民间歌曲、大曲等艺术的特质，成为一项综合表演艺术（图6）。最主要的是，相对于此前的优戏，杂剧具备了更完整的故事性，具有了表演的层次结构。北宋时，京城演出的杂剧通常是"一场两段"，也就是分两段来演一场戏。第一段是开场段，称为"艳段"，相当于引子。"艳段"表演的内容通常是些滑稽逗笑或插科打诨的段子，也有时是说唱或者歌舞，其目的是吸引观众。第二段名为"正杂剧"，意即表演故事或者说唱、舞蹈。南宋时，杭州的杂剧表演增加到了三段，第三段称为"散段"，也叫"杂扮"、

【图7】 《西湖清趣图》中的前湖门瓦子

"杂旺"、"杂班"或者"技和"。这一段表演的内容跟第一段相似，不过其目的旨在欢送观众。这种演出形式导致了中国古代戏剧由独场戏向多场戏演变的趋势。此外，为了有规划地分段演出，角色行当开始出现了。所谓角色行当，意即演员专业分工的类别。

在宋代之前，优戏表演不分行当，只有演员们擅长戏中的某个角色的分别，或擅长表演某类戏的分别。宋杂剧出现了角色的专业分工，通常一部杂剧中有五个角色，分别是扮演主角的"末泥"、以舞蹈动作或说白来吩咐其他演员出场的配角"引戏"、表演疯癫愚痴之态的"副净"、负责插科打诨的"副末"及备用演员"装孤"。在后来的南曲戏文和元杂剧中，角色的划分就是沿袭了这一形式。元杂剧中的"正末"即宋杂剧中的"末泥"。

宋杂剧的兴盛，是在宋仁宗时期。当时，由唐代沿袭而来的坊市制彻底瓦解标志着京城内的商业区和住宅区不再受到严格的限制，商人们可以自由在居住的街道上经商。随着市场商业的发展，城市里出现了市民集中进行游艺活动的场所——瓦舍勾栏（图7）。瓦舍勾栏将各路艺人集中在一起，各类表演同时演出，这进一步促使市井游乐兴起和繁荣，许多杂剧艺人由此脱颖而出。

宋杂剧剧本，如今留存的只有剧目，内容和结构体裁无法得知。据宋元之交时期人士周密所著笔记散文《武林旧事》记载，仅南宋期间，由教坊部在宫廷内演出的剧目就有280本。其中，较为著名的有《相如文君》《王宗道休妻》《李勉负心》《郑生遇龙女》等，还有关于崔护、莺莺、柳毅、王魁等著名人物的故事戏。宋杂剧的作者通常都是艺人，少有文人参与。宫廷教坊部的杂剧演出，其剧本创作大多时候都是由杂剧艺人临时发挥编造。今天可知的宋杂剧作者只有宋真宗和北宋教坊大使孟角球。皇帝参与剧本创作，从另一方面反映了宋杂剧的兴盛。

从宋杂剧文物中还可见，当时的杂剧演出还出现了配器完整的乐队，这说明其与歌舞联姻的趋向。总之，宋杂剧中的分段演出方式、歌舞和戏剧融合的表演形态，以及表演行当的出现，综合起来为元代杂剧的出现做好了铺垫，也为中国载歌载舞的戏曲形成奠定了基础。

用戏剧惩治恶人

在南宋时，才人们已经学会用戏剧反映现实问题。当时温州有一位名叫祖杰的恶僧，他倚仗官府势力，为非作歹。书会的才人们将他的恶行编成戏剧并演出，戏剧上演后，民愤激昂，官府不得不依法惩治祖杰。这出戏文脚本没有流传下来，不过这一事例也从侧面反映了当时戏文演出的繁荣，以及它在社会中的地位。

金人掳走了众多艺人

金代杂剧是由北宋杂剧发展而来的。北宋灭亡后，南宋杂剧在南方形成了南曲戏文，北方的杂剧则在山西平阳地区发展为金代杂剧。

为什么山西平阳会成为金杂剧的集中地呢？这是因为，1127年金人入汴京后，不仅掠去了大量物质财富，还将典籍、工匠、艺人等文化财富也分批向北方掳去。宋代徐梦莘的《三朝北盟会编》就记载，金人曾一次将"杂剧、说话、弄影戏、小说、嘌唱、弄傀儡、打筋斗、弹筝、琵琶、吹笙等艺人一百五十余家"掳走。从汴京往北经山西平阳的途中，这些北宋俘虏纷纷逃亡。局势稳定后，这些在平阳定居的艺人发展各自所长，使得平阳成为金代戏剧文化中心，山西也成为杂剧之域。

山西稷山县马村的金代杂剧雕砖墓群可以证明（图8），在金代的杂剧中，音乐是很重要的一部分，几乎成为与演出人员同等重要的表演主体。当时的戏剧演出中乐器众多，有笛子、大鼓、腰鼓、拍板、篥等，伴奏者或坐或站（图9），然而无一例外地都处在杂剧演员身后。这种乐队在戏台上的安置方式，跟元代忠都秀壁画所显示的杂剧场景相同。由此可见，金代杂剧中，唱的比例加大，表演形式已经由北宋的滑稽小戏向元代以完整大套曲子讲述故事的方式转化。以演出规模来说，能够组成一个同时具有完整的乐队配套和演员组的杂剧班子，已是不易。而要想在南戏、金杂剧、元杂剧相互竞争的社会环境下存活，这样的杂剧班子势必有着一定的表演艺术能力。

上：【图8】 金代杂剧俑

下：【图9】 金代杂剧乐队

四大爱情故事

元代的戏文，最重要的有四部：《荆钗记》、《刘知远白兔记》（简称《白兔记》）、《拜月亭》、《杀狗记》。这四部戏文被简称为"荆、刘、拜、杀"，它们影响深远，在明清更是时常被搬上舞台，因此又被称为"四大南戏"。在戏文被改称为"传奇"的明清两代，它们也被叫作"四大传奇"。

《荆钗记》在题材上继承了南宋戏文以讲述男女爱情故事为内容的特点，不过，与此前南戏不同的是，它不是批判男子发迹后变心，而是讲述男主人公与妻子"贫相守，富相连，心不变"的故事。

剧中，王十朋原本是一个穷书生，他以荆钗作为聘礼，向钱家提亲。钱家女儿钱玉莲拒绝了富家子弟孙汝权的求婚，嫁给了王十朋。婚后半年，王十朋赴京赶考，中状元。丞相万俟招赘王十朋，遭拒，恼羞成怒。王十朋中举后本应赴江西饶州任职，万俟将其改调偏僻的广州，并禁止他回家。王十朋写信告知钱玉莲种种情况，信被孙汝权劫走，变成了一封休书，送至钱家。孙汝权再向钱家提亲，钱玉莲继母威逼利诱钱玉莲。玉莲不从，投河殉情，被到福建上任的官员钱载和救起，收为义女。钱载和派人到饶州寻王十朋，听闻他已病故，钱玉莲信以为真。王十朋也以为钱玉莲死了，但他发誓再也不娶。五年后，王十朋与钱载和因工作原因而有交集，才互相得知真相，王十朋和钱玉莲终于团圆。

《荆钗记》的情节跌宕起伏，具有很浓厚的舞台戏剧特点。在题材的选

【图 10】 泥塑《白兔记》

取上，剧中所涉及的"当爱情遇上钱权"、继母与子女、穷书生中举之类的主题，也都是当时民众所关心的社会问题。而这样的主题，在每朝每代中都存在，王世贞称"《荆钗》近俗而时动人"。这部戏文贴近现实生活，后来被多次改编，成为一部盛演不衰的剧目。

"四大南戏"的其余三部，也都是描写世俗的爱情生活。《白兔记》(图10)根据金代杂剧《刘知远诸宫调》改编，讲述五代后汉皇帝刘知远的妻子李三娘历经种种艰险曲折，终于熬到丈夫刘知远出人头地，自己也得到了幸福。《杀狗记》据说取材于元代杂剧家萧德祥的杂剧《杀狗劝夫》，讲述市民孙华的妻子为了劝说丈夫珍惜兄弟情义，与匪徒断交，设下杀狗计，最终感化孙华。这部剧过于说教，曲词直白，从文学上来说价值不是很高，但却十分适合舞台表演。

《拜月亭》根据关汉卿同名杂剧改编，它讲述了这样一个故事：金国兵乱，王尚书一家妻离子散，王尚书的女儿瑞兰在逃亡中遇到了书生蒋世隆，王尚书的妻子则遇到了蒋世隆的妹妹瑞莲。瑞兰和蒋世隆患难中生情，结为夫妇。向敌人求和归来的王尚书在客栈碰到瑞兰，强行把女儿带走。之后，王尚书又在驿站遇上了夫人和瑞莲，一家人回京团聚。此时，敌国已退兵，朝廷重开科举。王尚书想把瑞兰许配给新科状元，瑞兰心系蒋世隆，死活不肯，新科状元却也不愿意。瑞莲后来发现状元郎正是自己的哥哥，于是皆大欢喜。

在四大南戏中，《拜月亭》是流传最广、影响最大的。它将一对恋人的爱情故事放置在一个兵荒马乱的背景中，描写了广阔的社会风貌，具有很大的现实意义。该剧的戏剧性十分强烈，它的情节曲折起伏，剧情悲喜交杂，人物刻画活灵活现。作者巧妙地利用两个女主人公的名字的相似性，在故事发展中以种种阴差阳错的巧合误会，又不时地以插科打诨等表现手法，使得故事富有节奏感，妙趣横生。此外，该剧的人物刻画十分逼真，每个角色的语言都契合他们自己的身份和地位，贴近生活，自然质朴。

"四大南戏"都以世俗故事为主要内容，以平民的视角来还原现实。这种从受众感受出发来进行创作的剧本风格，迎合了大众的口味，引起广泛的共鸣。这些戏剧都流传深远，特别是在南戏重兴的明代更是被经常搬上舞台，成为百姓百看不厌的剧目。

"南戏"是什么

说起"南戏"，要从它的源流讲起。南戏的前身是"温州杂剧"（永嘉杂剧）之类的南方小戏，这类小戏与杂剧有所不同。杂剧的表演内容主要是滑稽调笑的"戏弄"场景，并不具备完整的故事，演员也不一定扮演固定的戏剧人物。南方小戏经过宋金杂剧的进化，在南宋时期，形成了相对完善的戏剧样式。在杭州、莆田、仙游、泉州等地，出现了具有固定演员，通过多种表演手段演出一出完整故事的戏剧。这类戏剧虽然长度有限，但较之杂剧，已经更为系统化。这种高度成熟的戏剧样式，风行于江南一带，因此被称为"南戏"或者"南曲戏文"。

朱元璋赞叹《琵琶记》

　　元代戏文中，除了"四大南戏"，《琵琶记》是更重要的代表作品。它是元代戏文最高成就的代表，也是宋元期间所有戏文中最著名且最优秀的南戏，被列入"中国古代十大悲剧"行列。虽然它出现的时间比《张协状元》晚，但因为是戏文的集大成之作，所以被后人誉为"传奇之祖"。

　　《琵琶记》的作者是元末文人，名叫高明，字则诚，号菜根道人。高明创作《琵琶记》，有环境影响的原因，也是他自身的爱好所驱使。高明的家乡浙江瑞安属于古永嘉郡，永嘉是南戏的发源地，《赵贞女》《王焕》《王魁》等戏文就是高明的同乡前辈所著。后来他做官不顺，又因元末战乱不断，便避居宁波栎社镇，平时创作词曲自娱。《琵琶记》就是在这种情况下创作而成的。

　　《琵琶记》根据《赵贞女》的故事改编，不过对原作男主角蔡中郎做了相反的刻画，将他塑造成一个有情有义、尽忠尽孝的人。戏文的故事梗概是：陈留郡的穷书生蔡伯喈虽然才高八斗，却是个不追慕名利、甘于清贫的孝子。与新妻赵五娘成婚两个月后，他在父亲的逼迫下，不得不赴京赶考。蔡伯喈考中状元，被皇帝封为议郎，且被丞相相中。牛丞相要招他做女婿，他婉言拒绝，甚至表明愿辞官回家，侍奉双亲。朝廷没有准许蔡伯喈的请求，蔡伯喈只好入赘相府，并在京城做了官。蔡伯喈一去不回，其妻赵五娘在家挑起养家重担。不久，陈留发生灾荒，蔡家衣食渐难维持。灾荒持续几年，赵五娘倾尽全力，侍奉蔡伯喈双亲。她自己吃糟糠，却将乞讨得来的食物给公婆，然而，公婆还是相继饿死了。赵五娘埋葬公婆后，背着二老遗像，入京寻夫。她一路弹奏琵琶，卖唱为生，几经波折，终见蔡伯喈。牛丞相被赵五娘感动，成全了她与蔡伯喈的婚姻，甘愿让自己的女儿居妾位。蔡伯喈痛恨自己的不孝，请求辞官回乡，守墓悔罪。牛丞相答应了他，并让女儿跟着蔡伯喈和赵五娘回去守孝。行孝三年期满后，皇帝下旨嘉奖蔡伯喈，全剧在蔡氏满门受封的场景中结束。

《琵琶记》是文人作品，因此刻画人物更具有艺术感染力，这从戏文的剧情结构上可以看出。作者高明通过设定一系列曲折的情节，并按照人物性格和生活逻辑，打造了一个个典型生动的故事场景。比如，为了突出表现赵五娘的无私孝道，他安排了赵五娘吃糟糠的这场戏。在这场戏中，赵五娘的婆婆因为无菜下饭，怀疑媳妇藏起来好吃的。等发现真相后，她悔恨不已，羞愧万分。这种形成强烈对比的剧情冲突，在剧中有多处表现，比如蔡伯喈命运的转变、牛丞相前后态度的转变。其中，最为成功的剧情对比，是蔡伯喈享受荣华富贵与赵五娘及其公婆饥寒交迫的现状形成的对比。表演时，这两种景象穿插出现，使得观众在心理感受上形成巨大反差，无形中迫使他们以强烈的感情投入戏中。这种冷热交替的表演方式，是戏剧舞台艺术成熟的表现。

《琵琶记》不仅通过具有冲突的剧情展示人物性格，还通过生动的歌曲语言来塑造人物，并制造出让人感受真切的戏剧氛围。赵五娘吃糟糠的这场戏语言质朴、感情浓烈，唱腔不仅道出了赵五娘的困境，还以极富哲理性的爱情怨言，将她内心的种种感情抒发得酣畅淋漓。

> 糠和米，本是两倚依，谁人簸扬你作两处飞？一贱与一贵，好似奴家共夫婿，终无见期。（白）丈夫，你便是米么，（唱）米在他方没寻处。（白）奴便是糠么，（唱）怎的把糠救得人饥馁？好似儿夫出去，怎的教奴，供给得公婆甘旨？（《前腔》）

高明在创作《琵琶记》剧本时，既对情节进行了巧妙的构思，也将早期南戏的音乐风格做了改善，他注重音乐的完整性，其戏文的声韵格律基本统一，是宋元期间所有南戏剧目中音乐成就最高的作品。

《琵琶记》与很多宋元南戏以批判性和悲剧性为倾向不同，高明的创作态度，是"不关风化体，纵好也枉然"，有意识地通过这部戏来提倡封建伦理道德，让民众受到道德感化。也许正是因为这种朴实的"剧以载道"的创作宗旨，这部戏受到了当时上至统治阶级下至平民百姓的追捧。明初，明太祖朱元璋看了这部戏后评价说："五经、四书，布、帛、菽、粟也，家家皆有；高明《琵琶记》，如山珍海味，富贵家不可无。"朱元璋对这部戏的倡导，自然是因为该戏主张的封建伦理符合明王朝的统治思想，但从另一方面来说，这也反映了这部戏的价值。

辉煌的元杂剧

我国第一个戏剧黄金时代是元代，元代的主要戏剧形式是杂剧，又称"北曲杂剧"。它是在我国北方酝酿而成的，吸收了北方民间的各种演唱艺术的精髓，特别受到大曲和诸宫调的影响。

大曲的表演形式，通常是一人独舞或两人对舞，舞者扬手踏足，四肢回旋，称为"舞旋"（图11）。宋代的大曲表演加入了简单的主题故事，类似一种简单的舞剧。到了元代时，这种大曲表演以及说唱、滑稽小戏被运用到元杂剧中，成为折与折之间的过渡，或者被运用为戏中戏，又或者用来作为一折戏中间剧情紧张时的调节。

和南曲戏文一样，元杂剧受到诸宫调之类说唱艺术的影响。它继承了诸宫调以长篇幅、唱白相间的方式，用不同宫调的多个套曲讲述一个完整故事的这种表演模式。元杂剧剧本通常包含四折四个套曲，剧本的唱词分别运用四个不同的韵脚。声韵变化使得戏剧的语言呈现变化起伏的特点，更能加强表演的戏剧化效果。

除了形成四折四套曲的典型结构模式，元杂剧每个剧目都会有一个楔子，通常是加在第一折之前。楔子作为开场或序幕，犹如宋杂剧中的第一段"艳段"，用来介绍故事背景或主要人物关系。此外，四套曲的每组套曲都有相对常用的曲子作为引子，且每个套曲都有尾声，称为"煞尾"或"收煞"。

元杂剧有严格的角色制，相比于南戏，它的分类更为多样且细化。最为

【图11】　宣化辽墓壁画中的大曲表演

不同的是，它不是以生作为主角，而是以正末或正旦作为中心角色。正末为末行中的第一重要角色，其次有小末、冲末、副末等。正旦为旦行中的第一位，其次有外旦、小旦、大旦、老旦、搽旦。行当的细分化意味着表演更加专业化，也意味着表演的艺术水平更胜一筹。

从元杂剧中种种表演艺术的提升来看，元杂剧的水平超越了唐代的优戏及宋代的杂剧和南曲戏文。元代杂剧的剧目创作数量，也可以反映元杂剧的繁盛。据元人钟嗣成的《录鬼簿》记载，元曲作家有152人，可知姓名的有80多人，作品将近500种。从现在发现的一些元代戏台（图12）、壁画古迹来看，我们仍然可以大致窥见当时杂剧的兴盛。

元杂剧剧本作者大多来自社会底层，即便是当官的，也多是"门第卑微，

【图12】 元代瓷戏台人物纹枕

职位不振"之类。这些人才华横溢，有的无法从政，有的不愿从政，常与社会地位低下的艺人为伍。他们将自己的所见所闻诉诸文字，通过剧本反映社会的方方面面，由此导致了戏剧艺术的繁盛。

元杂剧作家，最具代表性的有关汉卿、郑光祖、白朴、马致远四人，简称"关、郑、白、马"。关汉卿是元代最著名的杂剧作家，他一生创作了60多种杂剧，为后世提供了大量杂剧的格式规范和样本。郑光祖作有杂剧18种，现存8种，其代表作品为《倩女离魂》《醉思乡王粲登楼》《周亚夫细柳营》《虎牢关三英战吕布》等。白朴，字仁甫，号兰谷先生，其祖籍是在今山西河曲附近。白朴创作杂剧16种，今存有《唐明皇秋夜梧桐雨》《墙头马上》《董秀英花月东墙记》3种。前者讲述唐明皇与杨贵妃的爱情悲剧，着重突出唐明皇失去江山后的心境，写得悲哀凄婉。虽然该剧剧本内容已经遗失，却在后世舞台上产生了影响。《墙头马上》描写一个"志量过人"的女性李千金冲破封建束缚，主动选择自己的爱情的故事。全剧跌宕起伏，感情热烈奔放，具有极强的艺术生命力。这两部剧都对后代戏曲中爱情故事的刻画具有深远的影响，其中《墙头马上》又是与王实甫的《西厢记》、关汉卿的《拜月亭》及郑光祖的《倩女离魂》并列的元四大爱情剧之一。马致远作有杂剧15种，今存7种，包括《汉宫秋》《荐福碑》《岳阳楼》《青衫泪》《陈抟高卧》《任风子》及他与人合作的《黄粱梦》。其中，以《汉宫秋》最著名。

除了上述提到的四位，王实甫也是元代不可忽视的一位杂剧作家。他创作有杂剧14种，今存有3种，以《西厢记》为代表。这部戏剧不仅是中国文学史上的佳作，也是戏曲史上不可多得的优秀作品之一。它自创作成型以来不断被搬上舞台，乃至走向世界，足见王实甫的艺术实力。

元杂剧作家以他们文人兼艺人的身份创作出的作品，题材广泛，时人分为12类，分别是有关神仙道化、隐居、做官、忠臣烈士、孝义廉节、痛斥奸恶无耻、逐臣孤子、绿林好汉、风月雪月的爱情、悲欢离合的故事，以及以花旦为主的杂剧、神佛杂剧等。创作中，作家们通常交错使用韵文与散文形式，以使得舞台的表演呈现出韵文与音乐、故事完美融合的长篇叙事体效果。

瓦舍勾栏作家王实甫

王实甫的生平事迹不详，不过大概与关汉卿同时代，或者稍晚于关汉卿。明初文人贾仲明曾写过一首哀悼王实甫的曲："风月营，密匝匝，列旌旗。莺花寨，明飚飚，排剑戟。翠红乡，雄纠纠，施谋智。作词章，风韵美，士林中，等辈伏低。新杂剧、旧传奇，《西厢记》，天下夺魁。"其中，风月营、莺花寨、翠红乡，都是当时妓女们和杂剧艺人聚集的地方。由此可见，王实甫经常出入歌场戏院，是一位活跃于瓦舍勾栏的杂剧作家。

【图13】 木偶

木偶戏的历史

　　木偶戏又称"傀儡戏"，是一种由演员在幕后操纵木制玩偶来表演的戏剧形式。木偶最初的功能是用来驱除妖邪鬼怪，后来逐渐用于丧葬的乐舞活动中，成为一种表演道具。木偶有大有小，形态各异，常根据所扮演的人物来雕刻，做工十分精细（图13）。表演时，木偶亦如演员，身着戏服。操控演员根据情节来活动木偶的手脚关节、嘴唇、眼睛、耳朵，配以服饰、鼓乐、说唱等舞台艺术，使木偶的表情、动作十分逼真。

　　木偶戏的历史十分悠久，关于它的起源，一说是源于周穆王时期，更被普遍认可的说法是，木偶戏源于汉朝，但无可非议的是，它兴于唐代，全盛于宋元时期。唐代时，木偶戏经常出现于丧葬活动中。后来，随着民众娱乐需求的提高，这一表演形式逐渐成为可以表演历史故事的一种戏剧形式。唐人封演著的《封氏见闻记》中的第六卷就提到了两部木偶戏，一部是《尉迟鄂公突厥斗将》，另一部是《项羽与汉高祖会鸿门》。

　　宋代时，杂剧兴起，便于进行各种娱乐表演活动的瓦舍勾栏逐渐成形，木偶戏也进入了全盛时期。宋人周密所著《武林旧事》中提到了当时主要的五种木偶：悬丝木偶、杖头木偶、药发木偶、肉木偶、水木偶。悬丝木偶就是用线操控的木偶（图14），杖头木偶是一种由内部操控的木偶，这两种木偶戏宋时普遍用以演出，至今仍是常见的木偶戏演出形式。

　　宋代木偶戏表演常常以祈祷求福、祭祀神灵为目的，宫廷宴乐演出的活

【图14】 ［宋］佚名《宋人婴戏图轴》

动中也常设有木偶戏的节目。

元代时杂剧进入鼎盛时期，但木偶戏依然兴盛。元代诗人姬翼有诗云："造物儿童作剧狂，悬丝傀儡戏当场。般神弄鬼翻腾用，走骨行尸昼夜忙。"由此诗可知当时有一种儿童游戏是孩子们玩弄悬丝木偶，在玩这一游戏时他们十分入迷，这是木偶戏流传甚广且十分受欢迎的明证。

元末时有个世袭木偶艺人，名叫朱明。元末文学家杨维祯曾看过他的木偶戏《尉迟平寇》和《子卿还朝》，过后还写了一篇《朱明优戏序》称赞他的演技。文章中说，朱明的双手十分敏捷，歌唱功夫也相当厉害。操控木偶时，朱明的动作和声音配合默契，使得木偶的一谈一笑"真若出于偶人肝肺间，观者惊之若神"。从杨维祯的赞叹来看，木偶戏发展到元代时，演技水平大有提高。

杂剧《西游记》中的"木偶戏"

木偶戏的表演还被写入杂剧中，在由元入明的杂剧家杨景言的《西游记》中，就有关于元代木偶戏表演情况的描写。杂剧《西游记》第六出，胖姑向她的爷爷讲述自己看过的一次表演："一个人儿将几扇门儿，做一个小小的人家儿。一片绸帛儿，妆着一个人，线儿提着木头雕的小人儿。那的他唤作甚傀儡，黑墨线儿提着红白粉儿，妆着人样的东西。"

随军演出的影戏

影戏就是影子戏，又称"影灯戏"，是一种集绘画、雕刻、音乐、歌唱、表演于一体的综合民俗戏曲艺术。它在东方具有悠久的历史，而中国则被誉为"影戏的故乡"。

关于中国影戏的起源时间，有许多说法。一种认为它起源于两千多年以前的西汉，说是宫女为了安抚常常啼哭的幼时汉景帝，用树叶做成人形或动物形状，投影到白布上哄他开心，由此有了影戏。而比较公认的说法是影戏起源于宋代，宋代高承的《事物纪原》一书中说，宋仁宗时期有艺人擅长讲说三国故事，为了说书形象化，他剪纸成"影人"，又找来其他相似道具当鼓、战车等，然后配以说唱、打击乐器，使得表演有声有色，遂有了影戏。

在宋代，影戏主要有手影戏、纸影戏和皮影戏（图15）等。手影戏以手的变化来表演，发挥有限，算不上影戏的正宗戏种。纸影戏和皮影戏才是宋代乃至现今影戏的主流戏种。宋代影戏最初以纸影表演为主，且影人是用上色的纸做的。南宋吴自牧所著讲述市井风情的《梦粱录》中说影戏表演中的说唱风格及所讲故事内容，与平时艺人对同一题材的讲说无异。此外，影戏有视觉场景，还逼真地刻画了好人、恶人的形象，使故事人物的喜怒哀乐及编导相应的褒贬寓意都表现出来了。当时的说唱和操控木偶的表演配合得十分默契，影戏已经较为成熟。南宋时还出现了一些同时擅长讲说和操纵影人的艺人。

【图15】　皮影戏人物

影戏的演出活动在北宋后期更加频繁。每逢元宵节时，汴京城内每一条街道的灯火阑珊处都设有影戏棚。宋人孟元老写的《东京梦华录》中记录，影戏演出还成了大人聚集小孩，防止他们乱蹿走失的手段。到了南宋，影戏发达，以至雕刻影人成为一项专门的职业。这时，民间还出现了一类聚集影戏迷来排演影戏的组织，"绘革社"就是一个影戏社团，它的成员在元宵夜晚聚演。

宋代无名氏《百宝总珍集》中"影戏"一条记录了当时影戏戏箱里的影人造型多达1200个，包括了宋前十七史所有故事的著名人物，其中将帅的影人造型就有32屉。不仅有人，还有桌椅、船、城市、刀枪等道具。如此大容量的齐全戏箱，也可见当时表演内容的丰富，从中反映了宋代影戏所达到的艺术高度和表现力。

金元时代影戏承袭了宋代的传统，不过有所改进，比如纸影在元代时由素纸改为彩纸，仍以敷陈故事、祈福避邪为主。

【图 16】 明应王殿内壁画中的元杂剧演出场景

家庭戏班

　　戏班意即演员班子。戏剧的发展经历了一个过程才趋于成熟，戏班的形成也是如此，而且它是随着戏剧的成熟而得以成型的。中国的戏剧成熟于宋元时期，戏班也是在宋代时出现雏形，在元代时得到定型的。

　　宋代戏班的成员通常是 4 人或 5 人，规模还很小。戏班也偶有规模比较大的，但多达 8 人这种情况毕竟少见。

　　大规模戏班出现于杂剧辉煌的元代，当时的戏班通常由 11 或 12 人组成。在山西省洪洞县霍山明应王殿内的元代壁画、山西省运城市西里庄元墓的壁画，以及山西省右玉县宝宁寺水陆画中的元代戏班图上，演员人数都是 11 位。

　　受技艺家传的影响及宋元时期的户籍制度限制——艺人都属于乐籍，户籍世袭，子孙后代都为艺人，宋元戏班的组成成员通常都是有血缘关系的，戏班也多属家庭性质。

　　戏班无论规模大小，自出现以后，就以游走的方式卖艺生存。唐代虽然盛行参军戏和歌舞戏，但戏班的行动自由受到较大限制，艺人不能随便走街串村，一旦犯令，受罚严重。唐玄宗下此敕令有其深层原因，《唐会要》里说是因为声色之戏会"伤风害政"。后来，随着社会逐渐稳定，百姓的娱乐需求提高，禁令逐渐消除，戏班逐渐恢复自由。

　　进入宋代后，杂剧兴起，民间勾栏瓦舍形成，促使一批又一批艺人不断产生和流动,也促进了戏剧的进一步繁荣。由于竞争激烈,艺人们对演出地点的选择更少,于是长途地奔波演出也就更加频繁。元代还出现了跨地演出获得成功乃至成名的戏班子,如忠都秀戏班。忠都秀据说是蒲州(今山西永济市)人,她带着自己的戏班以平阳为根据地,经常参加附近各个庙会的巡回演出,由此建立了戏班的声望。1324 年 4 月时,山西平阳洪洞县的明应王殿内的壁画落成,忠都秀的戏班为此献演,于是有了明应王殿内的忠都秀戏班图,留传至今(图 16)。

五颜六色的扮相

　　演员的扮相是戏剧中的重要部分，扮相是否恰当逼真，与表演的效果密切相关，是戏曲艺术水平高低的反映。在原始的歌舞中，表演的内容以扮演祖先、鸟兽、神灵为主。在这一时期，表演者已经会用动物的羽毛或者穿戴特制的动物"形儿"（一种衣服道具）来让自己的表演栩栩如生。这种装饰方法对后世戏剧中的扮相艺术产生了深远的影响。在这之后，春秋时期出现了"优孟衣冠"，开创了俳优借衣着扮演生活中真人的先例。而在戏剧萌芽的汉唐期间，则开始有了涂面化妆及服饰、道具。《乐府杂录》中说表演《兰陵王》时，"戏者衣紫、腰金、执鞭"，正是为了符合兰陵王的身份而采用的扮相。汉唐的百戏表演虽然有了扮相，但并未成为表演中的固定一部分。戏剧扮相正式形成，是在宋代。

　　宋代杂剧兴起，南戏盛行，戏剧逐渐成型，优伶的扮相更加完善。从现存的宋代戏曲文物形象来看，演员化妆的定制、用胡须来装饰即挂髯，以及服饰的区分，都是在宋代开始形成的。

　　宋代的优人化妆被称为"抹土搽灰"或"搽灰抹土"。"抹土"指将脸抹成黑色，"搽灰"指将脸搽成白色。"抹"只是抹几道，"搽"则是搽满。宋代通常只是在搽满白粉底的副净、副末脸上用墨线通贯双眼，金代时这一扮相有所改进。元代时，脸部化妆艺术既承袭传统，又增添新元素，更加丰富。洪洞县明应王殿内的忠都秀壁画中，后排左起第三人的眉毛用黑色涂抹，呈

【图 17】　宋杂剧《打花鼓》

英武的卧蚕状，眉眼之间用白线明显隔开，更突出人物的正气。

宋代杂剧戏服的丰富不仅体现在分类上，从南戏表演中演员的服饰变化也可以看出来。南戏演出规模较大，当时的戏班组成人员又较少，南戏戏班就巧妙地运用扮相来解决演员不足的问题。通常，除生、旦固定扮演主要角色外，其他角色如净、末、丑等都要兼扮其他次要角色。上场时，他们只需换另一套服装，"改头换面"就可以成为另一个角色。如《张协状元》中的丑角，在一段不长的演出中，他要连续扮演强盗、小鬼、小二哥这三个角色。表演中，他将头巾变成红头发，就变成了小鬼；小鬼将身穿的虎皮脱掉，摘下红头发，略作改装，就成了小二哥。

南戏这种以最简单的方式来变换形象、塑造角色的扮相手段，使复杂的舞台节目更容易进行，也丰富了舞台效果，为后世所继承。除了脸部化妆和服饰，道具也可算为扮相中的一部分。宋代杂剧中常出现的道具就有引戏演员随身带的扇子、装孤的笏（hù）板、副末的手杖等（图17）。元代时，服装道具被称为"行头"。在元代戏曲文物中，常看见戏班赶路演出时都是要"提行头"的。"行头"的丰富也见证元代戏曲的繁荣，在山西右玉宝宁寺藏的"一切巫师神女散乐伶官族横亡魂诸鬼众"水陆画中，行头众多，可见拍板、手鼓、画轴、短刀、大扇等。

第三章

昆曲，传奇时代的一朵奇葩

（1368—1644 年）

　　宋代出现的杂剧和南曲戏文，在明代开始朝着两个方向发展。杂剧在明初时还主宰着戏曲舞台，但后来渐渐衰落。南曲戏文却因为有着更加成熟的戏曲性质，且因为它兴起于民间，所以得到越来越广泛的推广，于是更加繁盛。南戏流传到不同地区后，它的腔调也发生了变化，其中最引人注意的是江苏昆山腔演唱的南戏。

【图18】 昆曲舞台剧照

南戏四大声腔

　　明代时，在元代偃旗息鼓的南曲戏文重新崛起，再次出现在戏剧舞台上。东南几省及上海地区的南戏发展兴盛。因受当地语言的影响，相继演化出不同腔调的南戏腔种来，并以迅猛的速度向南北各地扩张。因各地方的语言和音乐特色有所不同，南戏的声腔唱法也呈现更加多样化的花式，由此产生了不同唱腔的南戏变体，共有 15 种：余姚腔、海盐腔、弋阳腔、昆山腔、杭州腔、乐平腔、徽州腔、青阳腔（池州调）、太平腔、义乌腔、潮腔、泉腔、四平腔、石台腔、调腔。其中昆山腔、弋阳腔影响最大。

　　昆山腔又简称"昆腔"，诞生于元末明初。元代末年，南戏在江苏昆山重新兴起。南戏演艺中原有的乐曲和当地的民间曲调互相结合，形成了富有当地特色的声腔。戏曲家顾坚在此基础上继续推动两者的融合，使这一独具特色的声腔在当地得到了长久的发展。因此顾坚被视为昆腔和昆曲的创始人。

　　昆腔的进一步改良和繁盛发展，有赖于明代戏曲音乐家魏良辅。

　　嘉靖后期，繁荣的经济使得江苏成为当时的戏剧中心。著名乐曲家魏良辅周游江苏，钻研流传于昆山一带的传统戏曲唱腔。他"以文化乐"，不满足于南戏原有的声腔，又被昆腔通俗、婉转的音乐特点所吸引，于是联合了昆山地区的音乐家、戏剧家等对昆腔进行改良。改良后的昆腔吸收了当时流行的海盐腔、余姚腔及江南民歌小调的某些特点，加入了三弦、提琴、笛子、洞箫等管弦乐器，具有细腻婉转的特点。因为它是经由许多人共同钻研精造的，下了一番"水磨功夫"，又被称为"水磨调"。

水磨调演唱中按照字的声音来发腔，以昆山腔的语音确立南北曲调的宫调旋律，"启口轻圆、收音纯细""转喉押调""字正腔圆"，这种融南北曲为一体的唱腔就是现在的昆腔。在音乐结构上，昆腔同时吸收了杂剧音乐的严谨性和南戏音乐的灵活性，使一折戏中若干曲牌既有宫调的变化，又依照一定的宫调运用法则来加以规范，戏剧中的音乐更加丰富，所呈现的人物表演更加生动。

昆腔优美的曲调和丰富的戏剧音乐特色征服了广大民众，尤其是在戏剧家梁辰鱼用该唱腔演出《浣纱记》后，这一腔调更是得到了迅速传播。在明代万历以后，昆腔更是成为"官腔"，很多传奇剧本都是为了昆腔演出而写的。这些以昆腔为主要唱腔的戏剧，被称为"昆曲"（图 18）。昆曲在明清两代盛极一时。

明初对杂剧的限制

1368 年，明王朝建立。开国皇帝朱元璋出身于贫苦农民家庭，他深知"民急则乱"，农民力量能够颠覆一朝政治。因而为了安定社会，他十分注意通过在经济、文化、政治等方面宣扬封建伦理道德。在他一手钦定的《大明律》中，就明确规定严格禁止在戏剧中涉及古代圣贤、明君帝王、忠臣义士等内容。否则轻则"杖百"，重则连知情的官员也要担责。

"不登大雅之堂"的高腔

弋阳腔比昆腔出现得早。南宋末年，南戏衰退，南戏艺人们从兴起地浙江辗转至江西，在弋阳地区扎根下来。艺人们将弋阳的方言和民间音乐融入南戏原先的乐曲之中，开创了另一种不同的唱腔，为之取名"弋阳腔"。弋阳腔的音乐风格粗犷豪迈，演唱时运用一唱众和的"帮腔"手段，类似现在的大合唱。运用该唱腔来演绎戏剧时，剧中的人物感情和剧情的表现主要靠人的声音力量来传达，舞台上的气氛经常是激越明快、热烈而感染人的。相对于昆腔，弋阳腔音高气足，因此它又被称为"高腔"。

弋阳腔更多地采用各地民间音乐进行整合，有点"不登大雅之堂"，但它具有"徒干歌唱，不事管弦"的自由性，更为社会底层民众所喜好。在各地流传的弋阳腔得到民间艺人的加工改造，呈现了不同程度的变化。其中，最为重要的变化就是冲破了南戏音乐受曲牌连套体制的束缚，在演唱中增加乐句，使得音乐的戏剧性和表现力得到了更为自由的发挥，从而增加了舞台戏剧效果。在这一变化的基础上，弋阳腔继续在各地繁衍出不同种的变体。

弋阳腔盛行于明末清初。乾隆时期，弋阳腔已经成为"遍满四方"的戏剧表演中的主要唱腔之一。它标志着中国戏剧进入了"地方戏时代"。后来的京剧、川剧、越剧等各地戏剧都不同程度地受弋阳腔的影响，在表演中呈现高腔表演形式。高腔因此成为中国戏剧的四大声腔之一，与昆腔、弦索腔、梆子腔并列。

【图 19】 《霸王别姬》戏曲人物

传奇和昆曲的兴盛

明代剧坛最鲜明的特色是传奇戏和昆曲盛行。

传奇是南戏在明代的另一个称呼，它融合了传奇文学特色和明代南戏舞台表演的特点，既不同于杂剧，也不同于以往的南戏。它直接导致了传奇戏剧文学的兴盛，继而导致了传奇戏的繁荣。

明初的剧坛仍由杂剧主宰，当时的传奇作品较少，不过仍有一些成功的演出剧作，如《金印记》《精忠记》《连环计》《娇红记》《千金记》等。《千金记》描写秦末刘邦和项羽的楚汉之争，它的最大成就是展现了悲剧效果极为浓烈的"霸王别姬"这一幕，使得霸王别姬的故事为后人传颂，并被屡次搬上舞台（图19）。《金印记》根据元代无名氏杂剧《冻苏秦衣锦还乡》改编，讲述战国时期纵横家苏秦的成功故事。《连环计》同是历史剧，根据三国时期王允设计杀董卓的故事改编，这部戏中，"吕布戏貂蝉"的情节最为出色，在清代的地方戏中广为上演（图20）。梆子、皮黄剧中的《虎牢关》《凤仪亭》等，都是根据这段戏改编而成。

在为数不多的明早期传奇作品中，就出现了诸如《千金记》《金印记》《连环计》等流传深远的佳作，这预示了传奇的发展趋势。到了嘉靖、隆庆年间，出现了更多更优秀的作家。"嘉靖八才子"之一的李开先，以昆腔演艺传奇《浣纱记》使得昆腔焕发舞台生命力的梁辰鱼，以及《目连救母》的作者郑之珍，都是这一时期的剧坛先锋。

【图 20】 年画《连环计》

梁辰鱼不仅是一名编剧家，还是一位昆腔迷。他所在的年代，正是戏曲音乐家魏良辅"缕心南曲，足迹不下楼者十年"的年代。后来，魏良辅改良昆山老曲成功，昆腔流行于世。当时，不仅民间音乐家纷纷向魏良辅学习昆曲的演唱技法，很多戏剧创作者为了使得舞台表演的效果更好，也慕名拜师于魏良辅门下，以求在自己的创作中也表现出同样完美的音乐效果。梁辰鱼就是其中一位戏剧家。他得到魏良辅的音乐真传，以《浣纱记》作为实践，第一次使昆腔和戏剧完美地融合在一起。

以昆腔演绎的《浣纱记》上演之后，昆腔的影响越来越大，很快传播到江苏、浙江乃至之外的广大地区。后来，传奇就成为专为昆腔的音乐形式演出而创作的剧本。明代中叶以后，这些以昆腔演唱，又兼具杂剧音乐特色的传奇戏被称为"昆曲"。

早期的昆曲通常有 30 至 50 出，梁辰鱼的《浣纱记》就有 45 出，而郑之珍的《目连救母》多达 100 多出。艺人们发觉了剧本过长的弊端，后来选择剧中最精彩的部分来演，这就是折子戏的来源。而后期的戏剧创作者们认识到这问题后，也压缩了剧本的折数。

总的来说，昆曲表演比杂剧和南戏都有更多的铺排，包括音乐、人物、舞台道具设计等。此外，无论是在文学艺术还是音乐特征上，它都符合士大夫阶层的爱好，因此受到普遍推崇。汤显祖的昆曲《牡丹亭》上演后，昆曲在明代更是盛极一时，其热度直到清代仍有余存。昆曲作为明代中叶兴起的一种同时具有音乐特色和舞台特色、戏剧特色的剧种，它出现的意义远远超过了它的价值本身。自昆曲之后，很多剧种如京剧、越剧、评剧等不断登上戏剧舞台。随着时代的变化，这些剧种不少都在声腔、表演方面有了变革，然而昆曲却因其独具的戏剧特色而保留了传统的戏曲特点，各种昆曲传统剧目至今仍活跃在舞台上。昆曲堪称中国戏剧文化的"活化石"，它在 2001 年被联合国教科文组织列为"人类口述和非物质遗产代表作"。

【图21】 ［五代］佚名《西子浣纱图》

第一部昆曲——《浣纱记》

　　《浣纱记》讲述范蠡为了帮助被吴王夫差打败的越王勾践复仇，将自己的未婚妻西施送给吴王，使他沉迷于酒色淫乐，耽误国政。最后，勾践东山再起，大举攻吴，擒获吴国太子。夫差自刎而死。西施回到了越国，与范蠡泛舟而去。该剧取名"浣纱"，是因为西施本是洗衣服的浣纱女（图21），而"浣纱"也是范蠡送给西施的一块定情布。

　　作为第一部以昆腔演出的传奇，《浣纱记》最大的舞台特色在音乐词曲方面。梁辰鱼融入了自己的创新，呈现给观众的《浣纱记》曲词优美、乐律动人。明代戏曲评论家王世贞有诗："吴间白面冶游儿，争唱梁郎雪艳词。""雪艳词"意指梁辰鱼创作的曲词以精工绮丽见长，这句诗真切地描绘了《浣纱记》问世后被热传的情形。

千古绝唱《牡丹亭》

　　《牡丹亭》是戏剧家汤显祖最优秀的著作，也是汤显祖本人最得意的作品（图22）。他说："一生四梦，得意处惟在牡丹。"这部戏剧的原名叫《还魂记》，全名《牡丹亭还魂记》，它讲述了柳梦梅和杜丽娘离奇的爱情故事。

　　南安太守杜宝的女儿杜丽娘春心悸动，在自家后花园睡梦里遇一名书生手持垂柳，两人于牡丹亭幽会。醒来后杜丽娘终日郁郁寡欢，一病不起。她死后，其母将她葬在花园的梅树下，杜宝为她修建梅花庵。

　　三年后，书生柳梦梅进京赶考，途中在梅花庵借宿，偶然在太湖石底发现杜丽娘的自画像，惊觉她就是自己梦中经常相会的美丽姑娘。柳梦梅对画像祭拜呼唤，竟唤来了杜丽娘的灵魂。两人人鬼相会了一段时间，杜丽娘让柳生掘开梅树下自己的坟墓，竟起死回生。两人结为夫妇，共赴京城。后经几番曲折，有情人终成眷属。

　　杜丽娘的生生死死是《牡丹亭》最具戏剧性之处，也是这部剧最让人动容的情节。《牡丹亭》在一开始就点明了爱情可以与生死命运对决，为接下来剧情中的生死交替做了铺垫，激发了观众的好奇心。之后的剧情发展，都是与这句话呼应的。汤显祖将浪漫主义手法引入剧中，让杜丽娘既为她梦中情郎而死，复为钟情于她的情郎而重生，这段穿透生死界限的离奇爱情，使得这部剧呈现出离奇跌宕的幻想色彩。

　　《牡丹亭》以昆腔的音乐形式演出，昆腔注重音律的协调优美，然而汤

【图22】 汤显祖

显祖却是位以感情的表达为重的编剧家，反对格律至上。《牡丹亭》中，他将"情"的表达放在首要地位，认为呈现剧情的词曲特别是表达人物内心的唱词不应被烦琐的音乐戒律束缚，音乐应该自然地为戏剧语言服务。汤显祖将唐诗、宋词、六朝辞赋及元曲等融入《牡丹亭》中，又运用抒情手法刻画人物，全剧语言丰富多彩、奇巧精妙，又华丽优美，有的唱词直至今日仍然脍炙人口。

这部戏剧呈现的有史以来最具感染力的情景交融之境，使它很快成为昆曲最受欢迎的代表剧目。当时许多剧作家如沈璟、吕玉绳、冯梦龙等纷纷着手改编这部戏，女伶皆以能演出杜丽娘为荣，《牡丹亭》"家传户诵，几令《西厢》减色"。

《牡丹亭》剧情曲折离奇，词曲优美，被时人热改，又被后来一代代表演艺术家倾情演绎。无论是在剧本本身的辞藻、音乐方面，还是在舞台呈现的演员唱腔、身段、表演等方面，它都达到了戏剧艺术的巅峰境界。如今，《牡丹亭》仍然作为最重要的昆曲剧目，活跃在舞台上，搬演此剧的现代剧种不胜枚举，使之流传极广。

临川四梦

与《牡丹亭》并称为"临川四梦"的《紫钗记》《邯郸记》《南柯记》也是同时代中不可多得的传奇珍品，在当时及现在都享有盛誉。

《紫钗记》《南柯记》《邯郸记》的戏剧艺术虽然没有《牡丹亭》突出，但在同时代的作品中，这三部分别讲述侠义、佛道、仙道的作品仍相对出色。例如《南柯记》的剧情结构和对场景的安排，可以体现出汤显祖对舞台艺术的把控十分纯熟。在44出戏中，尘世、蚁国和佛界三种环境的描绘各有不同，汤显祖通过借助音乐、动作和词曲，将虚实场景有条不紊地穿插表现出来，令观者也如游梦境。到了《邯郸记》时，这种松紧有节的真假交替情节，汤显祖在剧本中编写得更加老练。《邯郸记》将重点放在卢生梦中的官场生涯，通过他经历的各种事件，将全剧带至一个合情合理的结局。这部戏的剧情安排、前后衔接得当，特别是卢生梦醒后的一段演绎，堪称精彩。

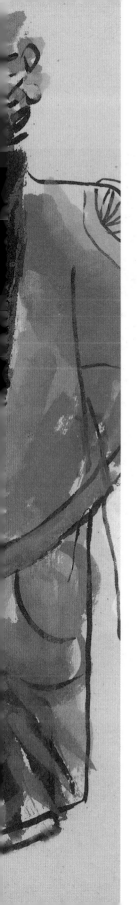

第四章

石破天惊，国粹京剧的诞生

（1644—1911 年）

　　清代是我国戏曲最鼎盛的时期。在明代兴盛起来的传奇、昆曲，在清初继续主宰着戏曲舞台，出现了堂会戏、折子戏等众多名目的戏曲类型。到了中后期，传奇、昆曲衰落了，各地方唱腔和戏种蓬勃兴起，戏曲舞台上出现了百花争艳的局面。最终，秦腔、京剧后来居上，取代原来昆曲的地位。而京剧更是成为中国戏曲之花中最具生命力的一"枝"。

【图23】 昆曲《长生殿》舞台剧照

盛极而衰的传奇和昆曲

清初，在戏剧领域，明末传奇的繁荣势头继续保持，优秀的传奇作品不断问世，昆曲剧目在各地热演。顺治和康熙年间，不但帝王和官绅富豪热衷昆曲，蓄养戏班，各地方的民众也都流行看戏。在当时，京城的夜晚通常是"好戏连台"、夜夜笙歌。其他富饶的商贸城市如上海、温州、苏州等地，戏曲演出的景况更是繁荣。

明末清初人李玉是清代第一位重量级的剧作家，他"以曲为史"，创作的传奇作品有 34 种，有很多都长期地在舞台上演出，例如《风云会》《清忠谱》《麒麟阁》《洛阳桥》《一捧雪》中的诸多片段。

清代前期的传奇和昆曲繁荣，以"南洪北孔"的出现到达顶峰。"南洪北孔"指的是南方的杭州钱塘人洪昇和北方曲阜人孔尚任。

洪昇出生于昆曲发源地江南，是浙江钱塘人。他的传奇著作共有 8 种，《长生殿》（图 23）开始创作于洪昇 29 岁时，经过两次改稿，在洪昇 44 岁时最终上演。

孔尚任出生于明代灭亡后的第四年，他的家族世代做官，其家庭长辈在清代建立后仍具有怀念明代的情怀。孔尚任置身这种氛围中，有感而发，作出了以政治为背景的爱情悲剧《桃花扇》。《桃花扇》是孔尚任前半辈子对历史、文化的研究结晶，该剧本完成时他已有 51 岁。此剧一出，"王公缙绅，莫不借抄，时有纸贵之誉"。

"南洪北孔"的出现，将昆腔传奇带上了巅峰，但自雍正开始，清政府施行严酷的文字狱，使得许多戏剧文人的创作陷入了歌功颂德的套路，作品失去了生命力。此外，因为昆腔是"官腔"，昆曲更多地被放在宫廷中上演，而为了满足宫廷娱乐需要，许多传奇戏剧被要求写成大部头的作品。冗长庞杂的题材及严格的曲律要求，使得昆曲的发展日益受限，昆腔传奇因此由僵化走向了衰落。

导致昆曲衰落的原因，还有一个是"花雅之争"。所谓"花雅之争"，是指昆曲和以其他唱腔演出的戏剧之间的竞争。"花"指杂多，是相对于昆曲的"雅"而言的，指的是"昆弋大戏"之外的其他唱腔戏种。清代的时候，秦腔、京腔、梆子腔、罗罗腔、二黄调等被归为"乱弹"的"花部"腔调异军突起，这些唱腔不受曲律约束，词曲运用更为自由，又能因地制宜，以它们演唱的传奇戏剧贴近百姓生活，更受欢迎。它们在各自形成的地方得到了良好的发展，秦腔、京腔更是以势如破竹的方式流传到全国各地。

昆曲本已衰微，戏剧舞台又遭"花部"竞争，在这样的形势下，生机勃勃的"花部"最终取代"雅部"，使得清代中后期的戏剧形成百花齐放的局面。在这期间，京剧得益于天时地利，更是成为最具影响力的新剧种。

在天愿作比翼鸟

清代传奇《长生殿》和《桃花扇》的先后问世，将昆腔传奇推向了高潮。这两部作品被称为清初的"传奇双璧"，也被认为是整个清代最为卓越的作品。

《长生殿》的戏剧成就极高，它描写唐明皇李隆基和杨贵妃的爱情故事，将帝王命运、爱情和政治恰当地融合在一起，写出了浓厚的历史沧桑感和爱情的悲剧性。虽是创作被人编写、演绎过无数次的熟悉题材，洪昇却超越了诸多前人的艺术水平。

《长生殿》的剧情梗概是：唐明皇李隆基为政二三十年，政绩显著，国势强盛。美貌与才华兼备的杨玉环被唐明皇看中，深受宠爱。唐明皇将杨玉环的哥哥杨国忠封为右相，又封其三个姐妹为夫人。后宫争宠的妃子众多，各种感情纠葛反倒加深了唐明皇对杨玉环的爱恋，两人情到浓处时，于七夕夜在长生殿上对天起誓："在天愿作比翼鸟，在地愿为连理枝，生生世世，永为夫妇。"由于唐明皇寄情声色，不理政务，朝权被杨国忠掌控。将军安禄山造反，唐明皇和随行官员匆匆逃离长安，在马嵬坡时军士动乱，强烈要求处死引起国祸的杨国忠和杨玉环（图24）。唐明皇无奈，赐杨玉环自缢。郭子仪等将领平定叛乱，唐明皇返回长安时途经马嵬坡，寻找杨玉环尸体未果。回到长安，他日夜思念杨玉环，一片痴情感动了仙界，两人在月宫中得以团圆，在玉帝的恩准下永结为夫妇。

【图24】 何家英《魂系马嵬》

这部剧以宫廷生活即唐明皇和杨玉环的爱情为主线，以国家的政治演变为副线。其内容有实有虚，情节曲折起伏，引人入胜，具有十足的戏剧性。另外，这部剧的音乐布局与剧情、人物的契合也十分恰当，呈现出专业的音乐效果。音乐与曲辞的完美配合，使得这部剧成为伶人竞相演出的传奇作品。每每演出，观者如潮。

《长生殿》共50出，前25出用现实主义手法，演绎唐明皇和杨玉环的爱情，同时交代政治局势和展示广阔的社会生活。后25出运用浪漫主义手法，插入神仙传说和民间故事，将主人翁的爱情神化，表现了作者以爱情为主题的创作倾向。洪昇较好地处理了历史与艺术的关系，在很多情节中，他大体上做到不背离历史，但又不拘泥于历史事实，具有很高的艺术成就。

洪昇因《长生殿》获罪

《长生殿》对唐明皇心境的刻画由于过于淋漓尽致，还引起了清代统治者的忌讳。康熙二十八年（1689），因该剧在佟皇后丧期内演出，洪昇等50人获罪，洪昇被革职后返乡。后人因此叹曰："可怜一夜《长生殿》，断送功名到白头。"

眼见他起高楼，眼见他楼塌了

《桃花扇》（图 25）的作者孔尚任是山东曲阜人，孔子的 64 世孙，其字聘之，自号云亭山人。孔尚任自幼好学，对礼、乐、兵、农以及民俗、历史、文学等都有浓厚的兴趣。他曾编修《孔子世家谱》，也做过老师，教授山东子弟礼、乐知识。此外，他的音乐天赋极高，曾主持祭祀活动，亲自指挥庞大的乐队。

孔尚任生活的年代是社会动荡的明末清初。《桃花扇》的历史背景就是明亡之际，它以书生侯方域和秦淮名妓李香君的爱情故事为主线，展示了明末清初年间广阔的社会生活画面。用孔尚任在剧本自序中所说，这是部"借离合之情，写兴亡之感"的传奇作品。

《桃花扇》讲述，明代灭亡后，残存在江南的以马士英为首的明代军政要员拥立福王朱由崧在金陵建立南明小朝廷。无德文人阮大铖巴结南明政府，意图东山再起。复社成员侯方域、吴次尾、黄宗羲等联合起来，要驱逐曾是魏忠贤走狗的阮大铖出金陵。阮大铖动用重金，想替侯方域的心上人——秦淮名妓李香君赎身，借此讨好侯方域等人。他施计未果，找借口诬陷侯方域，侯方域远走他乡。阮大铖在南明政权中的势力渐强，对复社文人进行了残暴的迫害，又逼迫李香君嫁给马士英亲戚田仰。李香君以死相抗，血溅侯方域所送定情信物——一把白纱宫扇。文人杨龙友借血迹在扇上作成桃花，遂成"桃花扇"。侯方域得知李香君境遇，赶回金陵。两人受尽马士英、阮大铖等人的折磨，直至清兵攻入金陵，他们才得以各自逃亡。南明灭亡后，李香君

出家。侯方域随逃兵到了扬州，扬州陷落后，他回金陵寻找李香君。寻找未果，他也出家学道。

《桃花扇》是一部围绕爱情发展讲述故事、却旨在揭露明代政府灭亡的本质原因的现实主义历史剧。全剧以侯方域和李香君的爱情为主线，其中穿插了很多历史事件，如南明政府的腐败、复社文人受到的迫害、抗清将领史可法坚守扬州的故事等。其旁出的情节线索复杂，涉及的内容众多，刻画了南明社会各阶层的代表人物。

这部剧虽然内容庞杂，但剧情结构却十分严谨。全剧的主要内容有 40 出，其中只有 12 出直接跟主人公的爱情有关，其他的篇幅，大多是在描写政治斗争中插入主线故事的发展。"桃花扇"的画成和寄出，是全剧前后情节的连接点。通过《寄扇》这一出，各个情节和矛盾串联起来，最终整部剧显现出"南朝兴亡，遂系之桃花扇底"的整体感，突显了孔尚任写"兴亡之感"的创作意图。

李渔的风情喜剧

李渔，号笠翁，浙江兰溪人。他是清代前期不可忽视的一位重要戏剧家，他的剧作集《笠翁十种曲》和万树的《拥双艳三种》是当时风情喜剧的代表。所谓风情喜剧，即描写风花雪月的爱情剧作。李渔的创作风格与以写实为主的苏州派不同，其作品中没有高度的思想性和批判性，题材多以市井情爱故事为主，旨在娱乐大众。然而，由于李渔具有极高的艺术鉴赏力，且他的作品全由他自己一手调教的戏班演出，所以其剧作在当时也大为流行。

《笠翁十种曲》（图 26）收录了李渔的风情喜剧《怜香伴》《风筝误》《比目鱼》等 10 部剧作，故事贴近百姓生活，语言通俗易懂，情节又曲折跌宕，在当时一度流传很广。

《笠翁十种曲》的 10 部剧中《风筝误》的成就较高。

《风筝误》讲述由一只风筝引起的两段爱情故事，剧中的一对恋人为才子佳人，另一对为浪荡的丑公子和丑女，对比起来，戏剧性显著。该剧的情节发展由一连串的误会和巧合引起，十分适合舞台表演。演出时，台上角色众多，且生、旦、丑等各个角色都有充实的戏份，让观者大饱眼福。此外，经常在舞台上实践剧本表演的李渔又非常擅长布局和调动演员，使得该剧的结构布置精巧，演员表演细致入微，因此该剧的剧场效果十分明显。此剧问世之后，大受好评，常演不衰。其中的《惊丑》《婚闹》《逼婚》等几出折子戏，至今仍是戏曲舞台上的热门剧目。

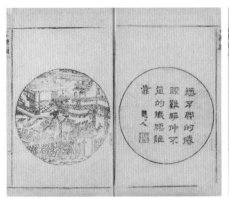

【图 26】　《笠翁十种曲》书影

李渔的作品虽然没有深刻的内容，但每部戏剧几乎都运用了谐谑的手段来制造令人感到轻松愉快的氛围。"传奇原为消愁设""一夫不笑是吾忧"，在浓郁的娱乐情调中，李渔践行了他的理想，也使他的喜剧充满了生活的风情。

另外，李渔的戏曲论著《闲情偶寄》是不可多得的优秀戏曲理论作品。它分为词曲、演习、声容、居室、器玩、饮馔、种植、颐养 8 部，共有 234 个小题，论述了戏剧的创作、导演、表演和戏曲语言、音乐、服装等，是中国古典戏剧理论集大成的著作，也是李渔一生的艺术经验总结。

一边打仗，一边唱秦腔

　　清代时，明代的南戏变腔趋势继续在各地蓬勃发展，出现了许多地方剧种，如安徽安庆地区产生的徽戏、湖南常德戏、广西桂剧等。与此同时，有一个历史悠久的唱腔剧种不是受南戏变腔的影响发展而成，也成了现在中国戏剧的重要剧种之一。这就是秦腔。

　　秦腔首先是一种唱腔，它起源于西周，成型于唐代，最初名为"西秦腔"。它的发源地甘肃陇山之东（今甘肃天水、陕西陇县一带）在古时候是秦州（今天水）属地，地处秦国之西。秦腔以关中地区民间普遍流传的劝善调为基础，劝善调的唱词基本是七字或十字一句，为对称的上下句式结构，其内容多为"二十四孝"之类的说教故事。秦腔真正的盛行及秦腔这一剧种的形成，是在清代。

　　秦腔运用的劝善调是一种有别于昆曲和高腔的曲牌体。曲牌体讲究对偶，结构简单，节奏明快。此外，它在戏剧运用中的演唱自由度较大，可由表演人员的真声演唱。受它的启发，中国戏剧演唱艺术后来还形成了一种全新的音乐手段"板腔体"。板腔体是明清地方剧种即"乱弹"戏中最常见的音乐格式，现在的主流剧种如京剧、粤剧、汉剧、评剧和黄梅戏等，都属于板腔体剧种。板腔体盛行是秦腔在清代流行的证明。

　　秦腔的传播，还得益于李自成起义。李自成是陕西人，他的士兵也多是同乡，很多艺人为了自保而跟随他的起义军转战大江南北，所以他的军队常

【图 27】　秦腔乐器梆子

以秦腔演唱的军戏为主要娱乐节目。后来李自成起义失败，秦腔艺人散落到各地，秦腔因此得以迅速传播。清初时，秦腔一路向南，传到四川、广西、广东、云南等省，同时又向东传播到福建、浙江等省，向北流传到山西、河南、山东、河北和北京。

梆子即梆板，本是秦腔的主要乐器（图 27）。清代中叶后，秦腔的表演不再以梆板为主，而是以鼓板为主，又辅以钹（bó）、锣等铜制乐器，使得整个戏剧音乐形成了特有的“锣鼓经”。演出的时候，乐队首领通过梆板指挥，在开场以宏大的锣鼓经为前奏，吸引附近民众。演出中，根据戏剧气氛的不同，乐队首领通过指挥安排演奏不同的锣鼓经，使戏剧音乐与剧情高度配合。这种梆子指挥锣鼓经的演奏方式使得秦腔的影响力更大，秦腔流传到各地后，“梆子”的名声更响。梆子的声腔与各地的唱腔融合，形成了梆子声腔系统的众多剧种。梆子腔是中国戏曲四大声腔之一，与皮黄腔、昆腔、高腔并列，梆子剧种逐渐成为中国戏剧的一大家族。如今，山西梆子、河南梆子之类名字中含有"梆子"的剧种，它们的主要唱腔都是由秦腔演变而来的。

剧种中的秦腔是梆子腔剧种类的"始祖"，它又被称为"陕西梆子"。咸阳的秦腔班社众多，当时陕西的秦腔班社主要有礼泉、周至、渭南、大荔四大流派，不仅在当地演出，也赶赴京城等地表演，使得秦腔在清代的剧坛占据了半壁江山。它虽然没有后起之秀的京剧兴盛，但京剧却是受到了秦腔的影响而产生的。

秦腔轰动京城

乾隆时期，京城的秦腔艺人最著名的当属魏长生。魏长生在乾隆四十四年（1779）进京表演，以《滚楼》一剧成名。剧中，魏长生扮演一位落草为寇的女子。他表演技艺出众，饰演的女子体态婀娜多姿，表情动作娇媚动人，使京城百姓大为倾倒。魏长生是在京城产生轰动效应的第一位"花部"艺人，他的表演为秦腔打响了第一炮，使得当时京城内的各地艺人纷纷效仿秦腔演唱戏剧。

京剧横空出世

京剧又称"平剧、京戏"，它是中国影响最大的戏曲剧种。京剧是一种综合了中国各地戏曲艺术特点的融合型剧种，它的主要唱腔是皮黄腔，对它的形成影响最大的是"四大徽班"。

皮黄腔是中国戏曲四大声腔系统之一，它由西皮腔和二黄腔结合而成。西皮腔和二黄腔的形成，跟明代的南戏变腔有关。

各大声腔在流传中不断相互接受、吸收，又产生了各种不同的新唱腔，其中吸收了秦腔乐器胡琴的枞阳腔在安徽皖南演变成为一种叫作"二黄"的腔调。二黄出现后，秦腔又与湖北其他地方的声腔结合，形成了新的腔调"西皮"。

安徽是二黄腔的发源地，也是皮黄腔的发源地之一，这里的皮黄腔戏非常出名。乾隆五十五年（1790），清高宗八十大寿，为给皇帝祝寿，扬州官府征召了以艺人高朗亭为台柱的三庆班入京。三庆班以唱二黄声腔为主，兼唱昆曲、梆子等声腔。由于表演形态丰富，该戏班的演出在京城大受欢迎，由此打开了二黄腔在京城的戏剧市场。四喜、启秀、霓翠、和春、春台等安徽戏班相继进京演出，启秀、霓翠后来被合并到了三庆、四喜、和春和春台班中，得以成为"四大徽班"。

在徽戏入京之前，高腔、秦腔已经流行于北京。在徽戏进京之后，唱西皮的汉调艺人也跟风而至，搭徽班唱戏。"四大徽班"得天时地利人和，在

【图 28】 京剧乐器

二黄、西皮、昆曲、梆子、罗罗诸腔的基础上，兼容秦腔、高腔、汉调的演唱艺术，又融合京城本土的语言风格，产生了音乐包容性极强的新剧种——京剧。

京剧主要受徽戏、秦腔、汉剧和昆曲的影响，因此乐器以胡琴和锣鼓为主（图28），腔调以西皮和二黄为主。京剧的成型过程可以说就是西皮和二黄的结合过程，也就是皮黄腔的形成过程。

皮黄腔是一种受到各地语言和民间音乐影响的腔调，因此它具有极大的音乐包容性和表现力，其整体的音乐艺术达到了戏曲史上的最高水平。以皮黄腔演唱的各地剧种，因受地域影响，在音乐上也是各具特色，不过它们有共同之处：都以胡琴作为主奏乐器，曲词讲究对称，沿用板腔体音乐格式。自徽班入京后，皮黄腔逐渐形成。

1834年前后，以皮黄腔为主体声腔的京剧在京城迅速发展，从全国300多个戏曲剧种中脱颖而出，成为此后清宫廷戏常用的表演形态。到了清末光绪年间，热衷"乱弹"、尤爱京剧的慈禧、光绪帝为了满足自己的娱乐需求，即使在非节日或庆典活动日，也招来宫外的京剧戏班或者著名艺人进宫表演。慈禧太后十分赏识那个时代的优秀艺人如谭鑫培、陈德霖、杨小楼、孙菊仙、王瑶卿等。每每观看过他们的演出后，她都会给予丰厚的赏赐。

清末统治者对京剧的热爱是推动京剧发育成长的一个重要原因，除此之外，还有市民的嗜好。清末时出现了许多以唱京剧为主的戏班，以"茶园"为名的京剧演出场所也纷纷开办起来，进一步推动了京剧的发展。程长庚是三庆班班主，他唱念做表皆功力深厚，被人称为"伶圣"，与四喜班班主张二奎、春台班班主余三胜并称为"三鼎甲"。虽然成名比后两位晚，但程长庚的威望极高，被视为"三鼎甲"之首，被称为"大老板"，是戏剧界公认的京剧鼻祖。"三鼎甲"是京剧形成阶段的重要艺人，他们对艺术的探索和贡献与京剧的发展密不可分。

【图 29】 《定军山》剧照泥塑

京剧成熟于光绪年间

　　京剧的成熟始于光绪六年（1880）左右，当时，它已经形成特殊的演出制度。

　　与宋元南戏和元杂剧表演完整的剧目不同，京剧以演折子戏为主，即从某个剧目中截取精彩的片段进行表演。通常是一个单位时间里会上演五六个到十几个不等的折子戏。这种短小精练的表演方式，为表演者提升艺术水平提供了更大的空间，加速了京剧的成熟。

　　京剧成熟后，《三国演义》《水浒传》《封神榜》等流行小说中的精彩片段，被大量改编成折子戏，以京剧形式演出。昆曲剧目如《望江亭》《西厢记》及元杂剧《赵氏孤儿》等也被改编成京剧。京剧舞台上的故事包罗万象，有讲述家国情怀的、公案审判的、神魔鬼怪的，以及英雄史诗、儿女情长等，与过多局限于男欢女爱的昆曲有所不同。

　　清末，剧坛上出现了三位实力派京剧表演艺术家：谭鑫培、汪桂芬和孙菊仙。他们擅长演老生，被称为"老生后三杰"，又被誉为"新三鼎甲"。

　　1860 年汪桂芬生于一个梨园世家，他的父亲汪连宝是春台班有名的武生。汪桂芬从小耳濡目染，又具有极高的表演天分，最为令人称道的是他的唱腔。一次，程长庚因病未能演出《天水关》。据说，汪桂芬救场，他从容上场后，只一句"代理山河掌丝纶，运筹帷幄"的引子就镇住了台下观众，待他正式开唱后，活脱脱的"大老板"程长庚的声音让观众无话可说，人人称奇。程长庚死后，汪桂芬得"长庚再世"之誉。

孙菊仙比汪桂芬早出生20年，曾拜程长庚为师，又受过张二奎的影响，他的唱腔同时兼具程、张二人的风格，声音磅礴如雷、古朴自然。孙菊仙在"新三鼎甲"中属守旧类型，不过他的表演也有所创造。他善于通过调节声调、音量和声音的缓急节奏、气势等，来制造鲜明强烈的剧场气氛。在《逍遥津》《李陵碑》《乌盆记》等剧目的大段演唱中，孙菊仙就是以这样的处理方式，使得戏剧取得了感人的效果。

谭鑫培是清末最具有影响力的京剧表演艺术大师之一。他兼采"三鼎甲"的艺术之长，又借鉴昆曲以及梆子、大鼓等"乱弹"特色，还在实践中将京剧各行当的表演艺术融入自己的演唱，形成了他独具特色的唱法。谭鑫培的嗓音粗放，饱含悲天悯人的情怀，十分适合表演悲剧英雄。他演出了许多剧目，如戏剧电影同时也是中国第一部电影的《定军山》（图29），以及《秦琼卖马》《乌盆记》《四郎探母》等，都以苍凉感人的唱腔表现出了身处末路的英雄故事，打动了许多观众。

当时京城流行一句诗："国自兴亡谁管得，满城争说叫天儿"，其中的"叫天儿"来自谭鑫培的艺名"谭叫天"。人们传唱谭腔，就是因为他的许多唱段抒发了他们的亡国恨。

谭鑫培独具特色的唱腔，开创了中国戏剧崭新的一面，当时有"无腔不学谭"的局面，由此形成了戏曲演唱艺术风格自成一派的"谭派"。"谭派"是京剧史上第一个老生流派，后来著名的京剧艺人如余叔岩、言菊朋、高庆奎、马连良等，都不同程度地受过"谭派"影响。

"新三鼎甲"的出现，是京剧成熟的重要标志。三人之中，艺术造诣最高的谭鑫培被称为"伶界大王"，被视为清代同治、光绪年间最具影响力的京剧演员之一。

堂会戏繁荣发展

　　堂会戏是明清时期公、私宴会上举行的戏曲演出，它的演出地点可以是私宅，也可以是公共场所，观众通常是由承办堂会戏的主人家和主人所邀请的宾客组成，其演出剧目不对外开放，具有封闭性。演出中，观众可以采取点戏的方式来选择演出剧目。

　　堂会戏兴起于明代前期，在晚明时走向成熟，在清代形成了繁荣发展的局面。它是以折子戏为主要演出方式，以下列三类主题剧目为主要内容的一种演出形态：一类是如《琵琶记》《香囊记》《宝剑记》一样阐述忠孝伦理道德的，具有说教作用；一类是如《西厢记》《拜月亭》《牡丹亭》等描述爱情故事的；第三类表现士大夫阶层对功名利禄的追求，如《金印记》《绣襦记》《珍珠衫》等。

　　清初时，由于江山易主，富贵闲人的兴致减淡，堂会戏不如晚明时兴盛。到了康熙中期以后，国势稳定，经济发展，堂会戏又恢复了此前的繁荣。这时，由于折子戏的演出形态更为成熟，堂会戏的发展更为普遍。清代官僚逢年过节、送往迎来、喜庆祭祀等，皆以堂会戏为娱乐和礼节。清初时期著名的李渔戏班，就经常出入官绅富豪之家演出，以此获得生存依靠。

　　为了方便安排演出和满足平时自己的娱乐需求，许多官绅、富豪还蓄养戏班。官贵之家的堂会演剧繁荣，以致引起清统治者的警惕，雍正即位后"整纲纪"、下禁令，乾隆、嘉庆时期又重申，侧面反映出堂会戏的繁荣。

上：【图30】 ［清］徐扬《姑苏繁华图》（局部，图中展示了市民在水边
观看戏剧的场景）

下：【图31】 ［清］孙温《红楼梦》（局部）

清政府虽有"禁外官畜养优伶"的禁令但并不禁止有实力的大家族雇请职业戏班演出堂会戏，因此社会上的堂会演剧之风仍然盛行，民间的职业戏班得到了更大的发展机遇，进一步促进了社会上戏曲演出活动的繁荣（图30）。北京、苏州等富裕城市，戏馆、戏园兴起，官商往来，看戏就成了人们的主要娱乐节目。

以官方名义组织的堂会演剧活动十分频繁，很多流行的传奇，尤其是《长生殿》和《桃花扇》，成为官员宴饮中的热点剧目。

曹雪芹与堂会

清中叶时，民间出现了擅长举办堂会演剧活动的两大家族。这两大家族在当时皆深受康熙皇帝信任，风光一时。一是李煦家族，一是曹寅家族。两大家族不仅为宫廷演出提供服装，也负责选拔艺人。曹寅的父亲曹玺（xǐ）嗜好听曲看戏，曹寅能够撰写剧本。曹寅的孙子即《红楼梦》作者曹雪芹，更是谙熟戏曲艺术。《红楼梦》中出现许多次关于戏曲的描写，其中贾母、宝钗、凤姐等人看戏、点戏、评戏的种种场景（图31），可以说是曹府当年堂会演剧活动及曹家亲戚朋友有戏曲鉴赏力的写照。

第五章

旧戏、新剧一起上

（1912—1949 年）

　　民国时期的中国戏剧有三条主流：一是由西方文化而来的话剧逐渐成熟并且大众化；二是在清末开始形成的地方戏种逐渐成型、发展；三是京剧界出现了众多卓越的艺术家，使京剧走向了鼎盛时期，乃至走出了中国。"京剧三贤"梅兰芳、杨小楼、余叔岩的出现，是京剧兴盛的标志。尚小云、荀慧生、程砚秋和梅兰芳组成的京剧"四大名旦"，则标志了京剧鼎盛期的到来。

【图32】 李叔同故居中再现"李叔同饰演茶花女"的场景

中国人演外国剧

当中国戏剧走到清末时，除了出现京剧这一有影响力的本土剧种，因西方文化的渗入，另一外来剧种也悄悄萌芽。相对于京剧、秦腔等中国特色的戏曲，它被人称为"新戏"或"文明戏"，这是西方话剧在中国萌芽时期的称呼。

西式教育中学生演剧的风习影响了中国人开办的西式学校，光绪二十六年（1900）时，上海南洋公学的学生上演了《六君子》《经国美谈》《义和团》三个时事题材剧。由中国人演出的戏剧，第一次出现了与传统戏曲迥异的形态。

1903 年，育才学堂的学生将刺客张汶祥刺杀清末两江总督马新贻这一曲折离奇的案件搬上舞台，演出《张汶祥刺马》。此剧的影响波及其他学校乃至全社会。之后，南开大学也成立了自己的学生剧团，并编演了《新村正》《一元钱》等剧目。学生演剧之风为"新戏"在中国的发展做好了氛围铺垫，不过，"新戏"在中国的正式登场，有赖于春柳社和春阳社两个戏剧社。

在国内学生演剧之风流行的时候，在日本留学的曾孝谷、李叔同成立了具有进步思想的戏剧社"春柳社"。除了两位创始人，欧阳予倩、吴我尊、马绛士、谢抗白、陆镜若等人先后加入了该社。从 1906 年在东京组建开始后的三年，春柳社曾在日本有过三次影响较大的公演。一是 1907 年 2 月在中国青年会举办的赈灾游艺会上演出《茶花女》的第三幕，这场演出中，李叔同饰茶花女（图 32），曾孝谷饰阿芒的父亲。这次演出受到中国留学生的好评，春柳社的成员得以扩充。

春柳社的影响力增大后，其中一位名叫任天知的成员想通过戏剧辅助中国的革命事业，他不顾其他成员的反对，回到上海。1907年10月，任天知和志同道合的王钟声成立了春阳社。王钟声曾留学法国，他认为，"中国要富强必须革命，革命要靠宣传。宣传的办法，一是办报，二是改良戏剧"。春阳社的成立，还得到了爱国人士、复旦大学创始人马相伯，以及京剧老生汪笑侬的支持。

春阳社成立不久，就在上海圆明园路ABC大戏园公演了改编自美国著名小说《汤姆叔叔的小屋》的话剧《黑奴吁天录》。《黑奴吁天录》是话剧在中国的第一部开场戏，一连演出了一个多月，之后春阳社又陆续演出了多部新剧，有《迦茵小传》，改编自《茶花女》的《新茶花》，以及《孽海花》《官场现形记》《秋瑾》《徐锡麟》等。为了进一步扩大新剧的影响，王钟声和任天知还创办了中国第一所话剧学校——通鉴学校。

春阳社专演新剧，是中国第一个职业性的戏剧社团。因为它所演剧目都具有较强的抨击性，所以引起了清政府的注意。1911年，王钟声在天津被人诬告为革命党而遭枪毙，社团宣告解体。与此同时，辛亥革命爆发，在日本的春柳社成员相继回国。因此，处于萌芽状态的"新戏"非但没有夭折，反而以蓬勃发展之势在上海、北京、南京等地壮大起来。但新戏毕竟是外来文化，与中国传统戏曲技艺的融合较为困难。由于中国艺人对新戏的吸收"消化不良"，新戏几年后走向了衰亡。

1919年五四运动兴起，一批鼓吹"新文艺"的知识分子胡适、陈独秀、傅斯年等人成为重新关注新剧的文化力量。时任北京大学教授的胡适，本来就提倡用白话文写作，他因此还专门派学生留学，让他们去学习西洋戏剧的方法来改良中国的戏剧。1919年，胡适还写作了一部独幕剧《终身大事》。在胡适等人倡导"新文艺"的同时，在北京的新剧演员陈大悲应势提出了"爱美剧"这一新剧名词。

陈大悲本属于上海最早的新剧职业社团——进化团，该团由任天知领导，陈大悲是团中的中坚分子。新剧衰落后，进化团在1912年秋解散。陈大悲有感于新戏的兴亡和中国戏曲不伦不类的状态，也是为他自身生计打算，在"新文艺"运动的潮流下，提出了"爱美剧"。

"爱美剧"之"爱美"来源于英文 amateur，意为"非职业的"，不以营利为目的。"爱美剧"的提出，得到了当时著名的新剧演员、演出过《黑奴吁天录》的欧阳予倩的支持。陈大悲当即就在北京与进步人士蒲伯英组建了一个名为"新中华戏剧协社"（以下简称"协社"）的组织，协社成立后，当时国内 18 个戏剧社纷纷加入其中。此后，各地的校园剧社纷纷加入协社，清华大学、北京高等师范学校等知名院校的学生戏剧社团也都响应并参与协社的活动。为了进一步增强协社的影响力，推动更多具有艺术生命力的新剧产生，协社领导还接办了《戏剧》月刊，在上面发表建设"真正的新戏"言论。

在"爱美剧"运动发展的早期，很多公演剧目大多是陈大悲自编自导的，其中较有影响力的有由北京女子高等师范学校学生演出的《孔雀东南飞》。协社的领导者之一熊佛西编写的《新闻记者》《车夫的婚姻》在当时高校也十分受欢迎。后来还出现了《名优之死》（田汉）、《三个叛逆的女性》（郭沫若）、《泼妇》（欧阳予倩）、《一只马蜂》（丁西林）等一批优秀剧目。

中国话剧的奠基人

1922 年冬，留美专攻戏剧的洪深回国，参加了本由谷剑臣领导的一个戏剧社。洪深加入后，从剧本、演员搭配、舞台纪律、导演制度等方面进行了改革，后来谷剑臣退位让贤，让洪深担任排演主任。在之后的几年，由洪深领导的戏剧社演出了许多剧本，如《终身大事》《泼妇》《月下》等，在社会上引起了强烈的反响。1928 年，洪深将"戏剧"一词的英文 drama 译为"话剧"，中国话剧从此定名。洪深被公认为中国话剧的奠基人之一。

【图33】 田汉雕像

田汉与《名优之死》

　　田汉是中国话剧奠基人之一，他多才多艺，同时是戏曲作家、话剧作家、电影剧本作家、歌词作家、小说家和诗人（图33）。在中国话剧的早期发展中，他贡献了一份重要的力量。

　　田汉是湖南省长沙县人，1916年18岁时随舅父去了日本东京，在高等师范学校英文系学习。1921年，他在东京曾与郭沫若、成仿吾、郁达夫等人组织创造社。1926年，他在上海与唐槐秋等人创办了南国电影剧社，决定以这种"人类用机械造出来的梦"来实现自己的理想抱负，同一年，就以十分有限的资金条件开拍了第一部电影《到民间去》。第二年，田汉和归国者唐槐秋等人创立了话剧社"南国社"，继而又成立南国艺术学院。南国社的话剧作品，主要有日本戏剧家菊池宽的《父归》以及田汉自编的《到何处去》《苏州夜话》《名优之死》等。

　　《名优之死》是田汉早期的代表作（图36）。该剧以民国初年著名艺人刘振声之死为素材，塑造了刘振声这一位注重戏德戏品的正义演员形象。因剧本对人物形象的刻画本就有血有肉，又有诸多实力派剧作家兼艺人的倾情演绎，将旧社会戏曲艺人的苦难遭遇真实生动地展现了出来，自1927年冬在上海梨园公所首演后，1928年以及1929年又在上海、南京三次公演。《名优之死》的演出成功，是田汉艺术创作臻于成熟的体现。无论作品的主人公是底层的艺人或农家少女，还是知识分子或富家公子，田汉都非常善于用人物的动作、语言来表现他们的浓烈情感，使得话剧具有强烈的感染力。而且在演出中，南国社的舞台往往使用具有流动性且能突出灯光效果的布条做布景，而不用硬景或绘景。其他的舞台道具，也往往运用交叉的色彩来突出灯光效果。这些因素也凸显了南国社的与众不同。

在南国社成立后的三年间，田汉的戏剧作品获得了广大学生、群众特别是小资产阶级、知识分子的热捧。不过，观众对田汉的作品最多的评语是："把戏剧专门局限在知识阶级的局域里，所以很难有普遍性。"

虽说南国社的戏剧创作活动有一定的局限性，但田汉的话剧在文学创作和表演上仍对中国话剧的发展有了很大的推动作用。当时，各个话剧社团或者学校剧团所上演的剧本，以田汉的作品居多。南国社还培养了一批戏剧艺术骨干，进一步开拓了中国的话剧事业。

"中国的莎士比亚"曹禺

自经历"新戏""爱美剧"两个阶段后，在田汉、洪深、欧阳予倩等戏剧艺术家的推动下，成熟的话剧在中国逐渐普及起来。

1929年上海艺术剧社成立，提出"新兴戏剧运动"的口号，主张创作"无产阶级戏剧"。第二年，艺术剧社演出了德国雷马克的《西线无战事》。同时期田汉创作了一部反映黑暗政治的《卡门》，还以一篇《我们的自己批评》来表明南国社今后的戏剧创作方向。

新兴戏剧运动展开后，艺术剧社联合辛酉、南国等7个剧社成立了上海剧团联合会，后改为中国左翼剧团联盟。"剧联"以让"戏剧大众化"为己任，在全国城乡范围内大力发展戏剧文化。当时，"戏剧向农村去"的口号叫得很高，在工厂有蓝衣剧社，在农村有熊佛西以露天剧场的形式实验的农民戏剧。1931年九一八事变后，又有"国防戏剧"的提倡。

自"剧联"成立后，中国进入了话剧大众化时代。1933年，中国第一个职业剧团"中国旅行剧团"（以下简称"中旅"）诞生。中旅由唐槐秋和戴涯在上海组建，在各大城市巡回演出，以一部《梅萝香》烘热了南京的剧坛。此后，中旅转战北平、天津、杭州等各大城市，一路扩大了话剧的影响，推动了话剧的专业化和职业化。

中旅前后一共维持了14年之久，它是中国第一个能借演出收入维持并发展的职业话剧团。曹禺（图34）被称为"中国的莎士比亚"，他的作品不仅常被中

【图34】 曹禺故居纪念馆

旅剧团拿来排演，也被其他剧社所爱。他的《雷雨》，是中国话剧出现伟大剧本的象征。

从1929年进入南开大学起，曹禺便开始构思《雷雨》，前后用了5年时间。1934年，它首次发表于由巴金任编委的《文学季刊》上，很快引起强烈的反响。这部剧无论是在人物刻画、剧情安排，还是冲突设计上，都在戏剧艺术上臻于完美之境，是中国话剧产生以来达到的最高水平。《雷雨》不仅是文学史上的经典之作，也被认为是"中国话剧现实主义的基石"。

由洪深领导的复旦剧社成为第一个将《雷雨》搬上舞台的剧社。中旅剧团等后来也常演此剧，使得它成为剧坛的"拿手好戏"。

继《雷雨》之后，曹禺又分别创作了《日出》《原野》《北京人》。这四部话剧被誉为"四大名剧"，它们的出现让中国话剧创作和演出都进入一个更高的阶段。尤其是前三部，在完成之后的十年仍是戏剧界没有其他作品可以超越的经典。正是由于有这些优秀作品的出现，话剧在中国才得以继续蓬勃生长，最终成为现今剧坛最有影响力的剧种之一。

善演猴子的杨小楼

民国时期，京剧的地位日益提高，影响越来越大，出现了更多的流派。其中的代表人物是杨小楼、余叔岩和梅兰芳，这三人在当时被称为"京剧'三贤'"。

杨小楼出生于1878年，自小学艺，因擅长演猴子，有"杨猴子"之称。

杨小楼得到谭鑫培的扶掖，成为同庆班挑大梁的武生演员。他博采众长，在经过不断的舞台实践后，演技越发炉火纯青。他的唱腔，吐字清晰，直腔直调，嗓音高亢洪亮，铿锵爽朗。他比此前的京剧武生都更擅长用唱念结合动作来传达角色的感情，突出人物性格。这一"武戏文唱"的表演特点，也正是"杨派"的主要艺术特征。1912年，杨小楼在上海大舞台演出后，《申报》评价他为"独一无二之著名武生"。之后，杨小楼又被人赞誉为"武生宗师"（图35）。

除了演技高超，杨小楼还编创、排演了许多新剧目。《楚汉争》是杨小楼于1918年和京剧"四大名旦"中的尚小云合作创排的。1922年，他又与梅兰芳合演此剧，两人在原有基础上做了改动，改名为《霸王别姬》。据《申报》记载，此剧在北京演出时，呈现万人空巷的盛况；在上海首演时，"盛况更当十倍王城（北京）也"。

余叔岩1890年生，湖北罗田人，年幼时曾用艺名"小小余三胜"在天津下天仙戏院演出，获得盛名。变声后他改学谭派唱腔，全面继承了谭鑫培的

【图35】 《光绪同光十三绝》（局部，后排右起第一位是杨小楼，扮演《四郎探母》中的杨延辉）

表演艺术，又丰富了原有的演唱技巧，以号称"云遮月"般的挂"味儿"嗓音演出了大量的老生剧目。

他的表演自成一家，世称之为"余派"。余叔岩的代表作有《搜孤救孤》《审头刺汤》《定军山》《击鼓骂曹》《四郎探母》《打渔杀家》等。精雕细琢却又自然空灵，不显雕琢痕迹，抑扬顿挫却又洒脱优美，不会给人跌宕造势的感觉，这正是余叔岩唱腔的特点。

中国的梅兰芳，世界的京剧

梅兰芳是京剧鼎盛时期的代表人物，民国期间和中华人民共和国成立之初最具影响力的京剧表演大师（图36）。梅艳芳擅长旦角，被称为"旦行一代宗师"，与程砚秋、尚小云、荀慧生并称为"京剧四大名旦"。

梅兰芳名澜，字畹华，兰芳是他的艺名。他1894年出生于一个京剧世家，10岁时在北京广和楼登台演出《天仙配》，很快崭露头角，3年后正式搭班"喜连成"。1911年，北京各界举行京剧演员评选活动，17岁的梅兰芳荣获第三名。1913年，他到上海演出，凭借《玉堂春》《彩楼配》《穆柯寨》名震江南。

《贵妃醉酒》是梅兰芳的代表作，它讲述唐明皇本和贵妃杨玉环相约赏花饮酒，却失约不至，杨玉环心中恼恨，于是以酒消愁、放浪形骸，跟太监寻欢作乐。这一出戏，本来以表演杨玉环醉后怀春的浪荡之态为主，经过梅兰芳的演绎后，却有了一种唯美伤感的韵味。他从人物内心的细腻情感入手，以端庄典雅同时自然生动的一连串酒醉动作，将杨玉环失宠的苦闷和假装的好强，都逼真地表现了出来，使得表演多了艺术美。梅兰芳的表演自然流畅，即使是像衔杯、卧鱼、醉步、扇舞这类身段难度较高的动作，他也发挥得得心应手。

在上海获得成功后，梅兰芳继续刻苦学习昆曲并练武功，从唱腔、念白、戏服、舞蹈、音乐、化妆等方面改良了京剧旦角的表演形式，形成了独具一

【图 36】 叶浅予《梅兰芳》

格的京剧"梅派"表演风格。梅兰芳华美动听的唱腔和优雅唯美的动作，以及综合表现出来的雍容大方的台风，是"梅派"的主要艺术特征。以这一独特的艺术造诣，梅兰芳的每次演出在当时都大获好评。

梅兰芳创排过很多新戏，如《霸王别姬》《洛神》《廉锦枫》《太真外传》《俊袭人》《天女散花》《凤还巢》等。在 1937 年抗日战争全面爆发前，他的创作和演出没有中断过，还多次受邀到国外演出。在 1923 年他还首创在京剧伴奏乐器中增加二胡，丰富了京剧音乐。

梅兰芳不仅在中国把京剧带到了鼎盛，还促使京剧走向世界，成为中国戏曲文化的第一"代言人"。

1915 年秋天，时任美国驻华公使芮恩施等 300 人观看了梅兰芳演出的《嫦娥奔月》，无不为梅兰芳的演技折服。此后，梅兰芳的声名经这些外国人一传十、十传百，逐渐闻名国外。很多外国人特别是欧美人对中国京剧起了极大的好奇心，这为梅兰芳出访外国做好了铺垫。1926 年，梅兰芳收到赴美演出的正式邀请。

梅兰芳十分注重这次出访，在出发之前，他印制了精美的且有详尽的图例说明的宣传册子，使得美国观众能够尽快地了解中国戏剧。1929 年 12 月，梅兰芳率领他的承华社剧团部分演员赴美国，又请在美国留学的戏剧专家张彭春，一起针对美国观众的习惯和兴趣爱好，对演出剧目和形式做了修改。在每次演出前由张彭春用英语为观众做简单的剧情介绍。由于做了充足的准备，在当时正值美国大萧条的形势下，演出获得了巨大的成功。

梅兰芳的访美演出，因其个人的精湛演技和巨大影响力，得到了美国主流媒体以及最有影响力的戏剧学者、评论家的关注，成为中国传统戏剧进入美国主流社会并与欧美戏剧界直接交流的开端。1935 年，梅兰芳应苏联"对外文化交流协会"的邀请，又率剧团赴苏联演出，再次扩大了京剧的世界影响力。斯大林和苏联的党政要员观看了梅兰芳的演出，接待梅兰芳的著名戏剧导演斯坦尼斯拉夫斯基、著名电影导演梅耶荷德等当时苏联有影响力的著名艺术家也都观看了梅兰芳的演出。

德国导演布莱希特当时恰好在苏联莫斯科，他观看梅兰芳的演出后，对

【图37】 梅兰芳《墨梅图轴》

中国梅派京剧进行了研究，认为梅兰芳特有的表演自成一体，可与斯坦尼斯拉夫斯基（苏联）表演体系、布莱希特（德国）表演体系并列，于是称之为"梅兰芳的京剧表演体系"。

　　梅兰芳剧团于美国、苏联的访问演出带来的意义，以及所获得的成功，是此前在国外演出访问的中国戏剧家远远不能比拟的。尤其是在苏联两个月的访问演出，不仅促进了中国和苏联的文化交流，还因为梅兰芳与东欧许多著名戏剧家进行了深入的艺术探讨和交流，使得中国京剧迈开大步子，走向了更广阔的世界。离开苏联后，梅兰芳又赶赴波兰、德国、法国、比利时、意大利、英国等国进行戏剧考察。正是因为有了梅兰芳这一系列的访问和考察，这以后，中国戏剧更频繁地向世界展现了它独特的艺术风貌。

梅兰芳以卖画为生

　　上海沦陷后，梅兰芳蓄须明志，不再演出，以写字卖画为生（图37）。中华人民共和国成立后他重返舞台，风姿犹存，不久就主演了彩色影片《生死恨》。1959年，60多岁的梅兰芳排演新剧目《穆桂英挂帅》，这是他的最后一出戏。

紧随"梅"后尚、程、荀

1927 年，北京举办京剧旦角名伶评选，经读者投票后排出前四位优秀旦角艺人，他们分别是梅兰芳、尚小云、程砚秋、荀慧生，这四人被称为京剧"四大名旦"。尚小云、程砚秋和荀慧生的名声虽然不如梅兰芳大，但他们各自创造的尚派、程派、荀派京剧与梅派并列，是当时主要的旦行流派。

尚小云生于 1900 年，他 7 岁时因家道中落投身梨园，先学武生、花脸，后学旦角。1914 年，他和著名京剧老生孙菊仙合作，演出了《三娘教子》《战蒲关》，被评为"第一童伶"（图 38）。

刚柔相济，这是"尚派"京剧的艺术特征。唱腔方面，尚小云的唱法也独具特色。他运用"节节高"的唱法，唱腔高昂有力，利落干净，格外具有激情和气势。综合唱腔和做功的艺术特色，尚小云特别适于也非常擅长表演巾帼英雄。自 1918 年自组戏班"重庆社"后，他创排了许多新剧目，其中以"女汉子"为主角居多，如《卓文君》《林四娘》《秦良玉》等。《摩登伽女》是尚小云的代表作，正是凭借此戏，他在 1927 年的"五大名伶新剧夺魁评选活动"中入围。

程砚秋出生于 1904 年，6 岁投身梨园，初学武生，后学花旦、青衣。综合性的学习猎取，使他形成了特有的表演风格。无论是在眼神、表情、身段、指法还是步法等方面，程砚秋的表演都自成一派。后来还发展到集创作、演出、导演三者于一身，程砚秋成为实力派艺术家（图 39）。程砚秋结合他所

【图38】　尚小云　　　　【图39】　程砚秋　　　　【图40】　荀慧生

在时代的环境，写出了《文姬归汉》《荒山泪》《春闺梦》《亡蜀鉴》等折射国危民艰的剧目，而且着力于悲剧表演，后竟以擅长演悲剧著称。

　　荀慧生跟尚小云同年，艺名"白牡丹"，同样多才多艺，能够扮演京剧小生、武生、刀马旦、花旦、青衣等各种角色（图40）。他具有创新精神，在唱腔上吸取了昆曲、梆子腔、汉调、川剧等曲调的旋律特点，字正腔圆，演唱轻盈谐趣，又声情并茂，十分吸引人。在做功表现上，荀慧生强调表演要"演人不演行"，他力求使人物生活化、立体化、形象化，让观众产生共鸣。为了使得人物逼真生动，他甚至还将外国舞蹈步法移入表演中。他坚持以"让人喜悦、听懂、动情"为原则，编创新唱腔，许多精彩的唱段将女性的性格和妩媚的姿态都表现在一招一式、一举一动中。荀慧生一生共演出了300多出戏，其中代表作有《杜十娘》《元宵谜》《玉堂春》《棋盘山》等，还有他新编的剧目如《绣襦记》《一缕麻》《红娘》《钗头凤》等。

外国戏剧

第六章

辉煌属于希腊，伟大属于罗马

（前 800—476 年）

古希腊是西方戏剧史上第一个重要时代，更是一个伟大的时代，出现了很多优秀的戏剧家，有被称为"悲剧之父"的埃斯库罗斯，有戏剧界的"荷马"索福克勒斯，有喜欢将哲学搬到舞台上的欧里庇得斯，有让喜剧蓬勃发展的阿里斯托芬……古希腊的文明历史结束后，古罗马人开始了长期的征战。在战争中，被罗马兵团从希腊俘虏来的奴隶将希腊文明带给了古罗马。特别是希腊奴隶安德罗尼库斯，因得到了主人的欣赏，为主人的子弟们讲课，还为"罗马大祭赛会"时演出的戏剧编写剧本。就这样，希腊戏剧被传到罗马，并得到了有力的传播。

【图 41】 ［美］托马斯·科尔《被缚的普罗米修斯》

英雄普罗米修斯

古希腊戏剧是希腊文化的重要组成部分，对后来欧洲戏剧艺术的发展起到了重大的作用。古希腊戏剧诞生于雅典城邦，由古希腊祭祀酒神的活动发展而来，因此又被称为"酒神剧"，主要分为悲剧和喜剧两大类，演出一般由歌队和演员组成，演员从 1 人增加到多人。公元前 5 世纪，古希腊戏剧达到全盛状态，产生了众多的悲剧诗人，其中最著名的是埃斯库罗斯、索福克勒斯和欧里庇得斯，他们被称作"古希腊戏剧的三大悲剧作家"。

埃斯库罗斯创造了希腊悲剧，被称为"悲剧之父"。埃斯库罗斯出生在雅典民主制度兴起的时期，受这种文化的熏陶，埃斯库罗斯的戏剧主要是歌颂雅典的民主自由，反对专制。他的戏剧大多取材于古希腊神话，但在其中加入了自己对神话的独特见解和感情，从中反映现实生活。埃斯库罗斯一生写了 70 多部悲剧，但保留下来的只有 7 部，《被缚的普罗米修斯》是其中最著名的。

在传统的古希腊传说中，普罗米修斯是一个小神，甚至只是个骗子、歹徒。但是，在埃斯库罗斯的笔下，普罗米修斯是一个英雄，他有预知未来的神奇力量，并帮助宙斯登上了王位。普罗米修斯将文字和占卜术传授给人类，还教人们种田、盖房，并决定盗取天火，带到人间。宙斯派天神将普罗米修斯钉在被风雨侵蚀的高加索山峭壁上（图 41），让老鹰每天啄食他的肝脏。这一切都没能使普罗米修斯屈服，他呼喊着，这时天地晃动，电闪雷鸣。

【图 42】 ［法］安格尔《朱庇特和忒提斯》（朱庇特就是宙斯）

　　《被缚的普罗米修斯》剧情简单，却非常精彩，有着尖锐的戏剧冲突，场面宏大，气氛庄严凝重。该剧的台词语言非常豪迈，充满了诗意与抒情。

宙斯是谁

　　古希腊神话中的众神之主是雷神宙斯（图42）。他虽是克罗诺斯和瑞亚最小的儿子，但自幼聪明伶俐，并且拥有超凡的法力。躲藏在克里特岛的小宙斯逐渐长大，并且知道了自己的身世，为此他用计谋巧妙地使父亲吐出了他的兄弟姐妹，并且联合他们发动了一场推翻父亲暴政的战争。经过十几年的战斗，宙斯打败了父亲，拥有了使用雷电的权威。他将克罗诺斯和泰坦禁锢在幽暗的地下，并命令百臂巨人看守。但好景不长，地神盖亚因为自己的儿子泰坦被囚禁，于是和塔耳塔洛斯生下了怪物提丰，提丰有一百个脑袋，并且能够掀起狂风巨浪。但是宙斯利用自己强大的闪电和雷击，把提丰的脑袋统统烧成灰烬，将它投入了地狱最底层。经过这两场战役，宙斯成为奥林匹斯山的众神之主。他和自己众多的妻室生下了不同的神明，包括著名的雅典娜和阿波罗等神。他们一同构成了古希腊掌管世界不同事物的神明。

【图43】 ［法］古斯塔夫·莫罗《流浪的俄狄浦斯》

弑父的国王

　　索福克勒斯是古希腊的悲剧诗人，被文学史家誉为"戏剧艺术的荷马"。索福克勒斯出生在雅典的一个富商家庭，从小受到了良好的教育，擅长音乐、体育、舞蹈等多门艺术。索福克勒斯还积极参加政治活动，曾被选为雅典十将军之一。他是雅典民主政治繁荣时期意识形态最完善的代表人物，他的创作生涯持续了70年，共完成了120多部剧作，流传至今的只有7部完整的悲剧，其中包括《安提戈涅》、《厄勒克特拉》、《俄狄浦斯王》（图43）等。

　　索福克勒斯的剧作涉及多个方面，艺术水平相当的高。他的剧作大多取材于神话传说，通过这些故事反映雅典奴隶主民主政权时期的社会面貌，因此通过他的作品可以看到当时的社会政治，以及人们的生活状态。在索福克勒斯剧作中，英雄都是理想化的，尽管勇敢地与命运做抗争，但结局总是悲惨的，他们终究不能摆脱命运，逐渐走向毁灭。

　　《俄狄浦斯王》是索福克勒斯的代表作，这部剧作约创作于公元前431年，是经典的悲剧作品。剧中，忒拜城内瘟疫肆虐，国王俄狄浦斯去请求"神示"，从而得知只有查出杀死前任国王拉伊俄斯的凶手，瘟疫才能够免除。在俄狄浦斯的追查下，真相却是杀死前任国王的正是他自己。原来俄狄浦斯将要出生的时候，他的亲生父亲拉伊俄斯得到"神示"，说这个孩子将杀死自己的生父，并娶母为妻。为了不让悲剧发生，孩子一出生，拉伊俄斯就让人用铁钉钉住孩子的双脚，扔进了荒山。这个弃婴被科林斯的国王波吕波斯发

119

现，因为他膝下无子，便收养了弃婴，取名为俄狄浦斯。

俄狄浦斯长大后，被人告知他并不是波吕波斯的亲生儿子。为了知道真相，俄狄浦斯向阿波罗求问，阿波罗预言："你注定杀死父亲，并娶母为妻。"俄狄浦斯不相信这一切，为了与命运抗争，他放弃了继承王位权，漂泊到他乡。俄狄浦斯来到一个三岔路口，与一位老人争执起来，并失手杀了老人。后来俄狄浦斯流亡到忒拜城，城邦有一个人面狮身的妖兽，危害着人们的生活。聪明的俄狄浦斯解开了妖兽的谜语，妖兽跳崖自杀。俄狄浦斯得到了忒拜人的尊敬，并登上了王位，娶了前任国王的妻子伊娥卡斯忒为后。后来，伊娥卡斯忒为俄狄浦斯生下了四个子女。

原来俄狄浦斯在三岔路口杀死的老人就是前任忒拜国王，也就是他自己的亲生父亲，而伊娥卡斯忒就是自己的亲生母亲。伊娥卡斯忒在知道这一切后，羞愧自杀了。俄狄浦斯从她的尸体上摘下两支金别针，刺瞎了自己的双眼，离开了忒拜，开始了流浪的生活。最终，俄狄浦斯还是没能逃过命运。

俄狄浦斯是剧中的英雄，他发挥了自己的主体精神，为维护人伦美德和尊严尽了最大努力。为了解除瘟疫，他查清楚了事情的真相，即使凶手就是自己，他追求真理的脚步也没有退缩，最后他毅然地选择了惩罚自己。虽然他最后没能逃脱杀父娶母的可怕命运，但是这样的英雄非常具有艺术魅力。

《俄狄浦斯王》采用了"倒叙式"的戏剧结构，用"回潮"的方式表现出来，使剧情环环相扣，增加了悬念，也增强了其戏剧性，更加深刻地刻画了主人公的心理活动和思想感情。《俄狄浦斯王》最早使用这种结构方式，并让这种形式从此成为戏剧的经典。

索福克勒斯使悲剧的情节更加生动完整，他剧作中的人物个个都具有鲜明的个性，他的剧本风格质朴简洁、结构严密、合唱婉转动人，被后人称为"古代抒情诗的典范"。索福克勒斯的悲剧的出现标志着古希腊悲剧艺术走进成熟期。

美狄亚与金羊毛

欧里庇得斯是古希腊三大悲剧家中最具有现代作风的一位，他喜欢在剧作中谈论哲理，被称为"舞台上的哲学家"。欧里庇得斯出身于阿提卡的一个贵族家庭，从小就受到良好的教育，成年后因为对神表示怀疑，被温和民主派攻击，直到晚年还在雅典无法立足，他只好离开雅典，前往马其顿国王的宫廷，最后在异乡去世。欧里庇得斯的剧作在他死后才得到了重视，他一生写了90多部剧作，保存下来的只有18部，其中包括《阿尔刻提斯》《美狄亚》《希波吕托斯》等。

欧里庇得斯善于用哲学的批判精神来看待人的情欲，根据人的形象来塑造角色，而不是按照角色来塑造形象，尤其擅长描写女性的情感，写得非常生动。因对神有所质疑，他更加注重现实生活和人，同情生活在社会下层的人们，在剧作中，通常会把神人化，对"爱"和"恨"有着独特的见解。

《美狄亚》是欧里庇得斯最出色的悲剧作品，剧作取材于古希腊神话中伊阿宋夺取金羊毛的故事。美狄亚是科尔喀斯的公主，她用自己强大的魔法帮助伊阿宋夺取了自己父亲的金羊毛，杀死了前来追赶的兄弟，最后跟随伊阿宋来到了伊尔科斯。为了帮助伊阿宋夺取王位，美狄亚设计将老国王珀利阿斯杀死。二人的作为引起了伊尔科斯国人的不满，他们被赶了出来，流亡到科任托斯，这期间美狄亚为伊阿宋生下了两个儿子。几年后，伊阿宋迷恋上了科任托斯的公主，并要抛弃美狄亚与其结婚。科任托斯的国王为了女儿，

【图44】 ［法］德拉克罗瓦《愤怒的美狄亚》

要将美狄亚驱逐出境，美狄亚苦苦哀求国王，得到了一天的期限。这时伊阿宋不但没有愧疚，还跑来责备美狄亚，并狡辩说自己娶公主是为了孩子们好。

美狄亚得到了雅典王埃勾斯的同情，埃勾斯同意让美狄亚到雅典避难。有了避难所，美狄亚开始了她的报复计划。她请来伊阿宋，假装和解，并准备了美丽的长袍和金冠送给公主。伊阿宋以为美狄亚想通了，觉得她是一位好妻子、好女人。没想到美狄亚在送去的衣物上涂了毒药，于是公主死了。国王为了救女儿，也死去了。这些还不够，是的，这些还不能让美狄亚平息愤怒，她拿起刀，杀死了自己的两个儿子（图44）。最后美狄亚乘着龙车去了雅典，嫁给了雅典王埃勾斯。

《美狄亚》在西方戏剧中首次提出了"痴心女子负心汉"这个母题，剧作中美狄亚因仇恨采取的报复方式让人不寒而栗，但欧里庇得斯却同情美狄亚，由此可见欧里庇得斯在戏剧的创作中有自己的主张。美狄亚是欧里庇得斯的作品中最具有感染力的人物，她敢爱敢恨、意志坚强、足智多谋。在欧里庇得斯的笔下，美狄亚一边有着复仇欲望，一边又有着女性的母爱本能，她的内心是冲突的，也正是这种冲突，使剧作的感情更加深刻、感人至深。

欧里庇得斯的剧作语言流畅、感情丰富、哲理性很强，在《美狄亚》中我们可以看到大量赞美和感叹雅典秀美景色的语句，同时他也善于用文字塑造形象，加上美丽的修饰词句、比喻性的言辞来表达感情。

欧里庇得斯的戏剧对后人的影响巨大，他的风格在他去世后被后人延续。

鸟国

阿里斯托芬是古希腊旧喜剧的代表作家，被恩格斯称为古希腊的"喜剧之父"。阿里斯托芬出生在伯罗奔尼撒战争期间，雅典城邦衰落的年代。他的作品有着强烈的社会批判和政治讽刺精神，被称为"带有强烈倾向性的诗人"。相传他一生共创作了340部剧作，但被保留下来的只有11部，是现存世界上最早的古希腊喜剧。

《鸟》是阿里斯托芬的一部喜剧著作，是诗人现存的唯一的以神话幻想为题材的喜剧。珀斯忒泰洛斯和欧厄尔比得斯是两位年老的雅典人，他们厌倦了城市生活，想要找一个安乐自在的地方度过晚年，为此他们四处奔走寻找。他们来到了鸟林问戴胜鸟，哪里有这样一个地方，戴胜鸟为他们推荐了很多地方，两位老人都不怎么满意。珀斯忒泰洛斯突发奇想，建议在空中建立一个鸟国，来统治人类，辖制天神。戴胜鸟听后，觉得这个建议简直是太棒了，它招来了鸟群，众鸟在经过一番周折后终于相信了这两位老人。在两位老人和戴胜鸟的领导下，众鸟建立了一个理想的社会——"云中鹁鸪国"。国家建立后各地的人纷纷前来投奔，有诗人、预言家、视察员、骗子等，这些人遭到了珀斯忒泰洛斯的痛斥和驱赶。雅典依旧是那样一个城市，物欲横流、苛捐杂税。天神来到了鸟国，在一番讨论后，鸟国争得了属于自己的权益，最后珀斯忒泰洛斯娶了代表权力的巴西勒亚，并举行了完美的婚礼（图45）。

《鸟》的剧情简洁，但情节却很丰富，关于剧作的寓意，大家都纷纷猜

【图45】　阿里斯托芬《鸟》雕塑

测：有人说是对西西里战事的悲观预见；有人说是讽刺当时在海外建立的新城邦，具体是什么，至今不能确定。可以确定的是，阿里斯托芬想要表达反抗精神。旧秩序面临崩溃，新秩序的建立茫茫无期，人们渴望有一个清静的归宿，鸟象征着自然，阿里斯托芬通过剧作来咒骂人类、调侃天神。他恐惧未来，为人类的明日忧心。剧中的神灵是有些愚蠢的，为了重新获得人类的献祭，不惜向鸟儿们求和，态度低声下气，轻易便投降。

　　阿里斯托芬的戏剧作品大多想象力丰富，抽象夸张，情节也较为荒诞，但是主题却非常现实，通过一个个滑稽夸大的故事来讥讽世人的世俗。在他的墓志铭上，柏拉图写道："美乐女神在寻找一所不朽的神殿，她们终于发现了阿里斯托芬的灵府。"

兄弟的误会

提图斯·马克基乌斯·普劳图斯是第一个有完整作品流传下来的古罗马作家，同时他也是一个极具盛名的喜剧家。

普劳图斯出生在意大利中北部，属于平民阶层，早年曾在剧场工作。即使在人生的低谷期，他到磨坊当工人，业余也不忘写作剧本。

《孪生兄弟》是普劳图斯"误会喜剧"的代表作品，通过一对孪生兄弟失散后的种种误会向人们展示了一个具有现实道德观的罗马人的世界。在叙拉古，有一个商人生下了一对孪生兄弟，他们长得几乎一模一样。一次，父亲要去意大利，便带上了其中一个儿子墨奈赫穆斯，不幸在途中将墨奈赫穆斯给弄丢了。父亲回家后，孩子们的祖父得知这个消息，非常伤心，为了纪念失去的孙子，祖父将留在家里的原名是索西克利斯的孩子改名为墨奈赫穆斯。

墨奈赫穆斯在和父亲走失后，遇到一个埃皮丹努斯商人，这个商人将他带回家，并把他当作自己的儿子抚养。墨奈赫穆斯长大后娶了养父的女儿为妻，并继承了养父全部财产。他与妓女埃罗提乌姆有染，为了讨好她，墨奈赫穆斯让食客佩尼库卢斯偷来自己妻子的一件袍子，送给了埃罗提乌姆。

墨奈赫穆斯·索西克利斯为了完成父亲的心愿，外出寻找失散的兄弟，终于来到了埃皮丹努斯，他与仆人墨森尼奥经过埃罗提乌姆的门前，厨子误以为墨奈赫穆斯来了，便请他入内。索西克利斯认为妓女在勾引自己，便进门了，还在这里美美地吃了一顿饭。埃罗提乌姆并没有发觉有什么异样，还将不大合身的袍子和首饰交给索西克利斯，让他拿去改一下。

墨奈赫穆斯同食客一同上街，不巧走散了。食客来到妓女家中，看到了索西克利斯，他误以为墨奈赫穆斯甩掉自己独自跑到这里享受美食，很是不满，便将偷袍子的事情告诉了墨奈赫穆斯的妻子。妻子一听，非常气愤，跑去找丈夫理论，两人吵了一番，丈夫答应将袍子要回来。墨奈赫穆斯跑去找妓女要袍子，妓女觉得莫名其妙，一怒之下将他赶出门外。这时妻子在路上看到了拿着袍子的索西克利斯，以为是自己的丈夫，便指着谩骂起来。索西克利斯很是费解，便解释说袍子是一个妓女给自己的。妻子请出自己的父亲来主持公道，索西克利斯为了躲避莫名的纠缠，只好装成傻子。妻子以为自己的丈夫得了什么病，便去请大夫。大夫来到家中，索西克利斯已经跑了，但恰遇墨奈赫穆斯回家，大夫要将墨奈赫穆斯架到医馆治疗。正在这时，墨森尼奥出现了，他以为自己的主人被绑架了，便救下了墨奈赫穆斯，并要求主人解除自己奴隶的身份。墨奈赫穆斯胡乱地答应了，墨森尼奥便将主人放在自己这里的钱交给了墨奈赫穆斯。墨森尼奥要离开，在路上碰到了索西克利斯，提起了刚才发生的事情，索西克利斯不明白他在说什么。这时，墨奈赫穆斯出现了，两人面面相觑，终于明白了。后来他们解开了误会，兄弟相认。

剧中的人物都非常圆滑，不能称之为卑鄙，但都喜欢骗人，同时也被骗。每个人都有着自己贪婪的小心思，正是这样，才使得剧情变得非常滑稽，喜剧感极强。古罗马戏剧的演员，大多使用面具来代表一个人物，所以也不用真正找一对孪生兄弟来出演，并且加上面具更是加重了戏剧的喜感。在人名上，普劳图斯也做了文章，妓女的名字埃罗提乌姆意为"多情的人"，她的厨子名字叫库林德鲁斯，其实就是"擀面杖"的意思，而食客的名字佩尼库卢斯，意思是"刷子""将餐桌上的食物扫个精光"。

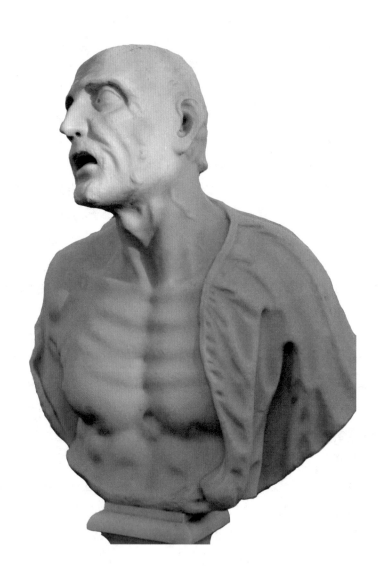

【图 46】 塞内加塑像

特洛伊妇女

塞内加生于古罗马帝国行省西班牙的科尔杜巴（今科尔多瓦），生活在古罗马由共和转为帝制的年代。塞内加非常擅长演说，对哲学、宗教、伦理道德和自然科学都有研究，还写了许多著作，成为古罗马斯多葛派哲学的重要代表人物之一（图46）。

塞内加从当律师开始，接触了政治，后来因为被怀疑涉及宫廷阴谋案件，被古罗马皇帝克劳狄乌斯流放到科西嘉岛。49年，克劳狄乌斯的王后将他召回做她儿子尼禄的教师，并担任大法官。54年，克劳狄乌斯去世，尼禄登上王位，塞内加辅佐朝政，掌握国家大权，成为当时古罗马帝国最大的富翁之一。塞内加在62年因与尼禄的政见产生分歧而自行隐退，在罗马城郊外的庄园中从事研究和著述。3年后，以皮索为首的贵族共和派密谋杀死尼禄，塞内加涉嫌参与，被迫自杀。

塞内加共有10部剧作被保留了下来，其中《特洛伊妇女》是其最具代表性的作品。

《特洛伊妇女》剧作的故事取材于古希腊神话。辉煌的宫殿变成了废墟，特洛伊的妇女们都沦为战俘，王后赫枯巴为死去的亲人流着泪。为期十年的特洛伊战争终于结束，而引起这场战争的原因是由爱神指引的特洛伊王子帕里斯带走了全希腊最美丽的女人斯巴达王妃海伦。

战死的古希腊大将阿喀琉斯的魂魄不能安宁，他因为没有得到应有的祭祀而阻挠大军起航。阿喀琉斯的儿子皮罗斯同将领阿伽门农争论，坚持要按照父亲的遗愿用特洛伊公主波吕克赛娜祭献。两人的争论没有结果，只好请来巫师。巫师得到神示：不仅要祭献公主，还要将已亡的赫克托耳的小儿子，也就是特洛伊王朝最后一个小王子杀死。赫克托耳的妻子安德罗玛克受丈夫托梦，将小儿子藏在了丈夫的坟墓之中，对外宣称孩子已经死亡。希腊将领前来威胁，若不交出孩子，就毁掉赫克托耳的坟墓。安德罗玛克只能唤出儿子，眼睁睁看着儿子被带走。

海伦为了让特洛伊公主波吕克赛娜祭献，哄骗她说将她嫁给皮罗斯，让她赶快穿上嫁衣。聪明的波吕克赛娜看出了其中的端倪，明白事情不像海伦说的这么简单。这时海伦说出了事情的真相，王后赫枯巴听闻要将女儿祭献，心痛得差点儿昏厥。波吕克赛娜于是决定自愿祭献，因为她宁可死去也不要沦为希腊人的奴隶。最后，特洛伊公主祭献死去，小王子也被杀死，只剩下一些特洛伊妇女开始了流浪的生活。

剧作中的人物性格非常单纯，动作性不强，主要突出了赫枯巴、安德罗玛克和波吕克赛娜的悲惨命运。赫枯巴在剧中有大量的独白，掺杂了由特洛伊妇女组成的歌队的歌词。塞内加用将近全剧三分之一的篇幅来介绍故事的背景，对渲染悲剧气氛起到了非常大的作用。

波吕克赛娜是剧中的一个哑角，她没有一句台词，只是用表情和动作的描写塑造了人物的性格，当海伦哄骗她穿嫁衣时，她横眉以对，怒视海伦，表达了对引发战争的女人的憎恨，同时表达了对这场婚姻感到耻辱的态度。当波吕克赛娜知道自己将要死去时，表现出的却是欣喜之情，在这里我们可以看出塞内加的斯多葛派哲学理念，在他的著作《论幸福》中，有这样一句话："当这不可避免的时刻到来时能坦然离去是件伟大的事，一个人必须花费很长时间才能学到手。"塞内加认为，有些时候，死亡是对痛苦的解脱。

安德罗玛克是剧中的中心人物，她受丈夫的嘱托保护特洛伊王室最后的希望，保护自己的儿子。一个柔弱的女子，为了同强大的敌人对抗，面对酷刑的折磨和威胁的时候，她说："任何可怕的事情都吓不倒母亲的爱和勇气。"然而面对命运，她是无力的，最后她只能看着儿子被带走。母子诀别的一场戏，是全剧最为感人的地方。安德罗玛克为了不让丈夫的尸骨被扔进大海，选择了让孩子死亡，因为她知道终究逃不过命运了。离别的场面是让人心碎的，安德罗玛克是绝望的，这种肝肠寸断的情感，塞内加生动刻画了下来，让观众对这个母亲万分同情和怜悯。

塞内加的剧作中充满了人道的初级人文主义关怀，他倡导和平，希望人民有一个仁慈的君主，布罗凯特曾这样评价塞内加："当初文艺复兴时代的剧作家复古回望时，塞内加的剧作远比古希腊更有吸引力。"塞内加的剧作，传承了希腊戏剧的传统，影响了文艺复兴时期和古典主义时期的戏剧，起到了承上启下的作用。

谁是古罗马文明的始祖

埃涅阿斯是古希腊神话中爱神阿芙洛狄忒的儿子，特洛伊城的将领。在特洛伊城被希腊人攻陷之后，埃涅阿斯率领着劫后幸存的特洛伊人寻找新的家园。

在漫游过程中，他经历了种种奇遇。在西西里岛停留时，受到当地国王的款待，结识了奥德修斯的船员。航行到迦太基，埃涅阿斯以他的勇气和智慧打动了当地腓尼基人的女王狄多，狄多不仅接纳了特洛伊人，赐予他们土地，而且对埃涅阿斯提出要与他一同统治这里。

这时天后赫拉（特洛伊城的守护神）派遣神使赫尔墨斯，在埃涅阿斯的梦中显灵，提醒他不要忘记旅行的初衷，要他立刻离开此地。虔诚的埃涅阿斯立刻连夜带着特洛伊人起航，前往意大利。在意大利中部的拉丁姆平原，他帮助当地国王击败了强敌，迎娶了国王的公主，并从国王手里获得了一块独立的土地，建立了一座城市。埃涅阿斯的后人，也就称为拉丁人。

第七章

一千年的长夜，三百年的黎明

（476—16 世纪）

476 年，西罗马帝国灭亡，欧洲古代史终结，进入长达一千年的中世纪。中世纪是欧洲历史上的"黑暗时期"，同时也是戏剧史的"黑暗一千年"。到了 14 世纪，欧洲迎来文艺复兴。在资产阶级倡导的人文主义的影响下，欧洲的戏剧艺术发生了翻天覆地的变化。

【图 47】 ［德］约翰·约瑟夫·卡尔·亨里克 《牧羊人的朝拜》

神秘剧：见证上帝的奇迹

　　中世纪是西方封建专制统治的时期，思想文化以天主教为主，基督教神学几乎影响了所有的艺术形式，戏剧的生存与发展同样受宗教文化和封建制度的控制，产生了许多宗教色彩的戏剧，戏剧的创作和演出成为宣传宗教理念和道德说教的工具。许多学者认为"中世纪戏剧不是罗马戏剧的延续，而是从教堂仪式中发展起来的全新的戏剧形式"。这些宗教戏剧大体被分为神秘剧、奇迹剧和道德剧。

　　在英国，奇迹剧是神秘剧的早期名称，可以泛指所有的宗教题材剧。在法国则指圣母或圣徒事迹相关的有"奇迹"出现的宗教剧，也可以称为"圣母奇迹剧"。《狄奥菲尔奇迹剧》是在当时的法国非常流行的一部奇迹剧，讲述了一名教士狄奥菲尔和魔鬼签订契约，最终被圣母解救的故事。剧中的主人公是浮士德在戏剧形象中最早的雏形。

　　虽然中世纪的文化生活很是单调，但人们看戏的热情却并没有因此而降低，有关资料记载："在一个中古时代的城市里演戏是一件万人空巷的盛事。地方官告示各商店关门停业，一切有噪声的工作全部停止，家家户户都锁上门，街上一片静悄悄，只有巡哨来回巡逻着——所有的人都到公共场所看戏去了。"这是卡尔·曼切尤斯记载的一段话，说明了当时戏剧在民众间的受欢迎程度。

　　神秘剧又被称为"圣体剧"和"受难剧"，大多根据《圣经》里的故事改编。"神秘"一词用英文表达为"Mystery",在中世纪有"买卖"和"手艺"的意思,各行各业都有自己的工会,工会会有演出,后来人们就把这些工会演出的戏剧称为"神秘剧"。

这些神秘剧中,最出名的还属《第二个牧羊人》。它以耶稣诞生为背景,讲述了牧羊人们之间发生的故事。剧作中的故事发生在寒冷的冬天,三个牧羊人依次进场,抱怨着生活。麦克是个名声不好的家伙,趁着牧人们睡着的时候偷走了一只肥羊,回家后麦克将肥羊交给了妻子吉儿。第二天牧人们发现丢了一只羊,猜到是麦克偷走的,便到他家中搜寻。吉儿早就料到牧人们会来找羊,便将羊伪装成新生的婴儿,假装刚刚生产,众人见此只得离开。此时牧人们想到应该送给婴儿礼物,便回到了麦克家中,坚持要亲吻婴儿,以示祝福。牧人到婴儿床前一看,原来是那只丢失的羊。为了惩罚麦克偷窃和撒谎,众人将他放在毛毯上抛上抛下。最后牧人们前去朝拜,欢唱歌曲。

此剧剧本的每行行尾都押韵,前四行的中间有一字押韵,文字结构非常整齐,朗诵起来极其美妙。在故事的题材上,作者将民间故事和《圣经》中的故事大胆地融合在一起,成功地取得了寓教于乐的效果。

在偷羊这一情节上,可谓此起彼伏,充满了幽默感和悬疑感。为了躲过牧人们,吉儿发誓说:"假如我欺骗了上帝,我宁愿吃掉躺在摇篮中的这个孩子。"吉儿是聪明的,她贼喊抓贼,还绕着弯说话,来骗取牧人们相信。剧情在麦克被裹在毯子里抛上抛下时达到高潮,在这个情节中将闹剧发挥到了极致。故事有着丰富的寓意,剧中有天使报佳音、牧羊人去伯利恒朝拜圣婴的情节(图47),这一情节有着浓厚的宗教色彩。出生在马槽的耶稣与躺在摇篮中的羊,两者之间有着巧妙的隐喻,似乎是一种交错的角色。

《第二个牧羊人》运用了夸张、误会、双关等手法,喜剧特征非常鲜明,反映了当时社会的现实,表达了作者对英国社会底层人民的同情。剧作中有大量的宗教典故,非常的精彩。

"时代的灵魂"莎士比亚

　　莎士比亚，一个被誉为"时代的灵魂"的人（图48）。他在1564年出生于英国中部瓦维克郡埃文河畔的斯特拉福镇。

　　莎士比亚的戏剧包括悲剧、喜剧、历史剧和传奇剧等多种类型，流传下来的有38部，其中有一部是与费莱彻合写的。莎士比亚的戏剧主张自然与分寸，在《哈姆雷特》中，他曾提到："自有戏剧以来，它的目的始终是反映自然，显示善恶的本来面目，给它的时代看一看它自己演变发展的模型。"在莎士比亚眼中，一部不加"调料"、不矫揉造作的戏剧，才是一部好的戏剧。他希望自己戏剧的演员动作温和，就算是需要爆发感情的时候，也是有所节制的，不能过火。

　　除了自然的表达，莎士比亚还把想象看作戏剧的灵魂，他在《仲夏夜之梦》中写道："最好的戏剧也不过是人生的缩影；最坏的只要用想象补充一下，也就不会坏到什么地方去。"他还曾说："想象会把不知名的事物用一种形式呈现出来，诗人的笔再使它具有如实的形象，空虚的无物也会有了居处和名字。"这种想象在莎士比亚的戏剧论中是一种特殊的"真实"，有着不凡的魅力。

【图 48】 莎士比亚

王子复仇记

　　《哈姆雷特》是莎士比亚的"四大悲剧"之一。剧作讲述了一个复仇的故事，这个故事最早出自萨克梭格玛提克斯的《丹麦史》中，剧情非常简单，但在莎士比亚的笔下，这个简单的故事变成了一部精彩的悲剧。

　　哈姆雷特是丹麦的王子，父亲在两个月前突然死亡。新国王克劳狄斯是老国王的弟弟，他娶了自己的嫂子、前国王的王后乔特鲁德。婚礼的晚宴正在进行着，皇宫里一片热闹。哈姆雷特并不赞成这桩婚事，他认为母亲嫁给叔叔是在"乱伦"。这天，哈姆雷特依旧穿着黑色的丧服。霍拉旭是哈姆雷特的朋友，他发现城堡中有鬼魂，鬼魂的样子与死去的老国王很是相像，便将此事告诉了哈姆雷特。哈姆雷特来到鬼魂出没的高台上等候，果然，父亲的鬼魂出现了。鬼魂哀怨地看着哈姆雷特，似乎有什么事情要说。哈姆雷特大胆地走向前去，对着鬼魂叫了声："国王，父亲！"并恳求鬼魂说出在此处徘徊的原因。鬼魂终于开口了，它说自己是被谋杀的，凶手就是克劳狄斯，哈姆雷特听后很是愤怒，发誓要为父亲报仇。

　　哈姆雷特决定装作发疯来掩饰自己，并且使克劳狄斯放松警惕。因为哈姆雷特正在追求朝廷重臣波乐涅斯之女奥菲利亚（图49），所以克劳狄斯认为哈姆雷特的疯癫是爱情所致。哈姆雷特整日恍惚，一时不能确定鬼魂是真的存在，还是自己过度思念父亲而产生的幻觉。王宫里来了一个戏班子，戏班子唱的一段戏让哈姆雷特得到了启发，他决定用一出戏来试探克劳狄斯。

【图49】 ［美］本杰明·韦斯特《奥菲利亚在国王和王后面前》

哈姆雷特按照鬼魂所说的父亲被杀的经过改了一出戏，让戏班子演给国王和王后看。结果戏在上演的时候，国王和王后的脸色都白了，并且装作身体不舒服离开了剧场。这下子哈姆雷特可以相信他所看到的鬼魂不是幻觉，鬼魂所说的全是真的。

哈姆雷特在卧室中与母亲争吵起来，两人争执中哈姆雷特误杀了偷听的大臣波乐涅斯。母亲责怪哈姆雷特残忍，哈姆雷特便不再隐瞒，将自己知道的母亲的过错说了出来。在哈姆雷特的恳求下，王后心怀愧疚，答应哈姆雷特的请求，准备离开克劳狄斯。克劳狄斯担心哈姆雷特知道事情的真相会对自己不利，决定派遣哈姆雷特到英国去。而他又给英国朝廷写了封信，要求他们在哈姆雷特到达后，将其处死。

哈姆雷特在两位大臣的护送下启程了，结果在路上遇到了海盗，几经周折他又回到了丹麦。他珍爱的姑娘奥菲利亚在精神恍惚中死去。哈姆雷特正巧遇上了为奥菲利亚送葬的队伍，与奥菲利亚的哥哥雷欧体斯发生了冲突。最后国王安排他们二人进行决斗来定胜负，结果在决斗现场中，王后误喝了国王为哈姆雷特准备的毒酒而死，哈姆雷特愤怒地杀死了国王，自己也死在了雷欧体斯的毒剑下。

《哈姆雷特》全剧结构严谨，情节与情节之间联系紧密，人物的性格推动了整个剧情的发展。哈姆雷特在复仇的过程中一直进行着自我斗争，他心烦意乱、情绪低落，痛苦万分。洞悉到人性可怕和堕落的哈姆雷特是渴望死亡的，他认为那是一种解脱，然而他身负为父亲报仇的责任。在复仇的过程中，充满了矛盾冲突，他自责又难过。

《哈姆雷特》是一部杰出的"性格喜剧"，也是西方戏剧史上最动人的悲剧之一。

【图50】 ［英］詹姆斯·巴里《李尔王为考狄利娅而哭泣》

李尔王的战争

《李尔王》的故事源于一个古老的传说。而它的作者莎士比亚也并非故事的原创者，早在很久之前，这个故事就被戏剧家们改编成了剧作，与这些剧作不同的是，莎士比亚的《李尔王》放弃了李尔王故事大团圆的结局，将其改为一部悲剧。

王佐良先生曾在其《莎士比亚绪论》中这样赞扬莎士比亚："有点石成金的本领，他的剧本的主要情节几乎全部来自别人，然而经过他加工之后，这些情节获得了新的深刻的意义。"《李尔王》就是这样被莎士比亚"点石成金"的。

大不列颠国王李尔有三个女儿。李尔年事已高，决定将国土分封给三个女儿，自己好安享晚年。李尔询问三个女儿，谁最爱他。大女儿和二女儿在李尔面前花言巧语了一通，哄得李尔很是开心。到小女儿考狄利娅了，她的回答却是，对父亲的爱按照自己的义务不会多也不会少。李尔王听完非常生气，剥夺了小女儿继承土地的权利。小女儿失去了土地，但法兰西国王并没有因此改变对她的爱情，考狄利娅嫁给了他，他们一起回了法国。

大女儿和二女儿得到了土地，她们商量着每月轮换着奉养老父亲。这样，老李尔王的悲剧生活便开始了。两个女儿先是商量着裁减父亲身边的侍卫，又对父亲避而不见，老李尔王很是伤心。一天夜里，雷鸣电闪，暴风雨肆虐，老李尔王冲出了王宫，跑到了旷野之中，最后变得神志不清。

李尔王结识了汤姆，这个年轻人原名埃德加。埃德加的弟弟埃德蒙为了夺取继承权，伪造信件陷害他，并割伤自己的手臂，说是埃德加所为，父亲葛罗斯特轻信了埃德蒙的话，下令通缉埃德加，埃德加只好改名汤姆，装成傻子流落民间。除此之外，埃德蒙还得到了李尔王的两个女儿高纳里尔和里根的青睐，两个女人居然同时喜欢上了他。

远在法国的考狄利娅得知了父亲的遭遇，便组织了一个军队，准备讨伐两个姐姐。开战前考狄利娅找到了父亲，李尔王老泪纵横，请求小女儿的原谅，表达了忏悔。葛罗斯特是全心全意效忠李尔王的老臣，他本来就对高纳里尔和里根的不仁之举非常不满，这次他也决定同考狄利娅一起解救李尔王。

埃德蒙得知父亲的决定，便跑去向里根告密。葛罗斯特被残忍地挖去双目，逐出宫廷。双目失明的葛罗斯特遇到了埃德加，埃德加终于将自己的冤屈告知了父亲，葛罗斯特又悔又恨，经不住巨大的震撼，离开了人世。

两方交战，法军战败，李尔王和考狄利娅被俘。埃德蒙暗中发布命令将父女俩处死。埃德加和埃德蒙决斗，亲手将埃德蒙杀死，可依然未能阻止考狄利娅被杀。李尔虽然幸运地活了下来（图50），却最终还是在对小女儿的思念和悔恨中离开了人世。

李尔的悲剧来自他的精神，他亲手将自己从天堂推向了苦难，并且误解了自己的小女儿。大女儿和二女儿的背弃令他痛苦，接受不了这一切的他甚至发疯癫狂。然而小女儿为了自己而死，则把他推向了死亡。

李尔的悲剧体现了生命的无常，大女儿和二女儿的背叛造成了他内心世界的崩塌，然而他还来不及建立新的内心世界，小女儿鲜活的生命就这样消逝了。这样的结局没有宣扬善，也没有批评恶，只是真切地诉说了一个真实的世界。

女巫的预言

　　《麦克白》是莎士比亚"四大悲剧"中的最后一部，讲述了苏格兰名将麦克白野心勃勃篡位，将自己推向命运的末端的故事。

　　麦克白和国王邓肯是表兄弟关系，邓肯很是看重麦克白，这使他在宫廷中身份显赫。在一次战争中，麦克白杀死了叛国贼麦克唐华德，并且大战挪威，取得了胜利。凯旋的途中，在一片荒原上，麦克白遇见三位女巫，女巫预言麦克白将被封为考特爵士，并且在将来登上王位，说完女巫便消失了（图51）。

　　麦克白果然被加封为考特爵士，这使麦克白的内心开始泛起波澜。他将女巫的预言告诉了夫人，夫人怂恿麦克白将邓肯杀死，来夺取王位。麦克白左思右想，犹豫不定。邓肯和众臣来到麦克白的城堡中做客，夜晚，麦克白在欲望的驱使下，杀死了熟睡中的邓肯，并将沾满血迹的刀放在了一个侍卫的房中。第二天，贵族麦克德夫发现邓肯死亡，麦克白称是一个侍卫所为，而这个侍卫已被麦克白杀死。邓肯的两个王子洞悉了其中的阴谋，为了保命逃往爱尔兰避祸。没有了王子们争夺王位，麦克白顺利地成为国王。

　　麦克白很是忌惮大将班柯，为了除去这个眼中钉，麦克白派刺客暗杀班柯。麦克德夫和贵族们都不满麦克白的所作所为，纷纷投奔了其他国家。这天，麦克白又见到了三个女巫，女巫说班柯的后裔会成为这片土地的国王。

　　果然，麦克白遭到了众贵族的合力讨伐，女巫的预言再一次成为现实。

【图51】 ［法］泰奥多尔·夏塞里奥《麦克白和三个女巫》

最后，麦克白在与贵族麦克德夫的决斗中死亡。

麦克白这一人物有着独特的悲剧意味，女巫的预言点燃了麦克白内心深处野心的火种，然后在这种野心的驱使下，麦克白一步步走向深渊。麦克白出场的第一句台词是："我从来没有见过这样阴郁而又光明的日子。"他的地位无比尊贵，战功赫赫，他的人生已经是成功的了，但是他并不满足。然而在他将邓肯杀死后，却完全陷入了恐惧之中。经历过战场的麦克白并不恐惧杀戮，他恐惧的是自己的内心。

其实在杀邓肯之前，麦克白就意识到了自己的悲剧，他说："可是在这种事情上，我们往往逃不过现世的裁判；教唆杀人的人，结果反而自己被人所杀；把毒药投入酒杯里的人，结果也会自己饮鸩而死，这就是丝毫不爽的报应。""而且，这个邓肯秉性仁慈，处理国政从来没有过失。要是把他杀死了，他生前的美德，将要像天使一般发出喇叭一样清澈的声音，向世人昭告我的弑君重罪……"麦克白害怕自己邪恶的内心，但又不能将这种邪恶停止下来，他一边谴责着自己，一边用残忍的手段来夺取自己想要的东西。**渐渐地，麦克白心中的恐惧变成一种愤怒、一种"鲁莽"。**这时他说："不，我不能忍受这样的事，我宁愿接受命运的挑战。""我已经两足深陷于血泊之中，要是不再涉血前进，那么回头的路也是同样使人厌倦的。"麦克白愿意拼死一搏，他不畏惧死亡，更不畏惧接受惩罚，他说："吹吧，狂风！来吧，灭亡！就是死，我们也要捐命沙场。"

剧作所体现的精神是以"人"为核心的文化精神，"人"的内在，"人"的心灵力量，"人"的感情。在艺术特色上，《麦克白》运用了超自然因素，比如巫女、鬼魂等，并用自然界的反常现象来烘托悲剧的气氛，如天气、怪鸟，制造出了恐怖诡异的场面。剧作运用了多种意象，如麦克白夫人的梦游等，这些都是麦克白心中欲望的象征，这样的意象加强了戏剧的艺术效果。

第八章

理智和情感打了二百年

（17世纪—18世纪）

　　17世纪的欧洲是古典主义的天下，戏剧也不例外。古典戏剧最重要的特点就是"皇权"。在这个世纪，欧洲皇室加强文化专制，强调"皇权"至高无上的地位，因而戏剧只能高度倾向于政治。高乃依的"戏剧三论"是古典戏剧的理论结晶，其中最重要的一点就是"三一律"。18世纪，随着启蒙运动发展，首先在法国，戏剧冲破皇权的束缚，出现了市民戏剧，但古典戏剧仍然大有可为。

恋人变仇人

  《熙德》是法国古典主义的第一部悲剧，是法国古典主义戏剧奠基人皮埃尔·高乃依的代表作。剧作取材于中世纪西班牙（图52），讲述了一对情人在经过了一番矛盾后走到一起的故事。

  唐罗狄克是一个西班牙贵族青年，他勇敢、高尚。唐罗狄克与施曼娜相爱，两人很快便要订婚了。唐罗狄克的父亲唐杰葛被国王任命为王子的老师，这使得施曼娜的父亲唐高迈斯伯爵非常嫉妒。两位老人发生了争执，唐高迈斯恼羞成怒出手打了唐杰葛一巴掌，唐杰葛无法忍受这种屈辱，便命儿子为自己报仇。

  唐罗狄克深爱着施曼娜，但是报仇事关家族荣辱，唐罗狄克心中很是矛盾。最终唐罗狄克决定牺牲个人的爱情，与唐高迈斯决斗，赢回家族的荣誉。在决斗中，唐高迈斯被唐罗狄克杀死了，施曼娜接受不了父亲被心爱的人杀死这个事实，非常痛苦。施曼娜到国王那里，要求惩罚唐罗狄克。就在这时，国家遭遇摩尔人舰队的入侵，唐罗狄克披上铠甲上了战场。英勇的唐罗狄克打败了摩尔人，并俘获了两个国王，这样的战绩使唐罗狄克获得了"熙德"的荣誉称号。

  国王认为唐罗狄克救国有功，便想要说服施曼娜放弃惩罚唐罗狄克的要求，但是施曼娜并不同意，依旧坚持。另一个贵族青年唐桑士也爱上了施曼娜，他要求与唐罗狄克决斗，帮助施曼娜复仇。国王答应两人决斗，并且谁

【图 52】 熙德的原型——埃尔·熙德

获胜就可以与施曼娜结婚。

在决斗的前一夜，唐罗狄克来向施曼娜告别，因为他知道唐桑士是为施曼娜复仇的，他决定死在唐桑士的剑下，好让心爱的女人安心，但施曼娜却说不想嫁给一个自己不喜欢的人。最后唐罗狄克在决斗中胜利，国王将施曼娜嫁给了唐罗狄克，两人终于走到了一起。

剧作的情节起伏非常大，充满了激烈的冲突。两位主人公都是被迫选择了互相仇视，他们相爱，但又有着血海深仇，他们痛苦着、选择着。然而两个人即使再恨，也无法阻止对彼此的爱，这就是全剧最动人的地方。当唐罗

151

狄克决定去找施曼娜，要求她将自己杀死，并说："我到这儿来是要把我的血献给你，以前该做的事都已做完，现在该做应做的事了。我知道你去世的父亲会使你有勇气惩罚我的罪行，所以我现在把你的罪人送来：这个人以曾经洒了你父亲的血为荣，为了你父亲洒出的血你把他杀了吧！"唐罗狄克是心怀悔恨说出这番话的，对心爱的人，他没有办法原谅自己。

整部剧中都贯穿了"爱情"和"荣誉"之间的冲突，并围绕这两个主人公之间的关系来发展剧情和布置结构。先是相爱的恋人，然后互相仇视，最后选择了接受理性，有一个美满的结局。剧作的结构和风格非常严谨，艺术形式也较为和谐，崇尚理性，在这方面是极具法国古典主义风格的。法国古典主义戏剧理论只要集中在三点：注重理性、强调共性、结构的"三一律"。除了"三一律"的突破，在剩下两点上，《熙德》是非常具有法国古典主义特点的。

《熙德》是高乃依的人生高峰之作，也是一部有力的敢于突破旧规则的作品，在欧洲戏剧史上起到了非常重要的作用。

三一律

三一律是一个重要的西方戏剧结构理论，也叫"三整一律"，是一种关于戏剧结构的规则，就是要求所叙述的故事发生在一天之内，地点在一个场景，情节服从于一个主题。法国戏剧理论家布瓦洛把它解释为"要用一地、一天内完成的一个故事从开头直到末尾维持着舞台充实"。

干尽坏事的良心导师

《伪君子》是法国戏剧巨匠莫里哀（图53）的代表作，又名《达尔杜弗》。据说剧作是为了抨击当时的一个神秘组织"圣体会"而创作的。当时的法国天主教会受制于罗马教皇，宗教势力是那个时代的主流。为了能更好地控制人们的思想，这股宗教势力成立了一个秘密宗教组织，名为"圣体会"。"圣体会"暗中监视居民的活动，打入王公贵族内部，迫害异教徒、无神论者和自由思想者，披着"良心导师"的外衣做坏事。

《伪君子》中讲了这样一个故事：奥尔贡是一个富商，居住在巴黎。奥尔贡虔诚地信仰着天主教，他曾辅佐过国王，颇受人们的尊敬。这天奥尔贡将自己的朋友，一个叫达尔杜弗的信士请到了家中，为他提供食宿，将他视为自己的"良心导师"。奥尔贡的母亲白尔奈耳太太也对达尔杜弗非常尊敬，觉得他是一个有着优良品德的导师。其实达尔杜弗是一个地道的伪君子，他人前表现得具有品格，但背地里却是一个能吃能喝、心术不正的家伙。达尔杜弗对奥尔贡的漂亮的续妻艾耳密尔很是着迷，心存非分之想。

奥尔贡和他的母亲越来越觉得达尔杜弗是个好人，甚至有些痴迷。奥尔贡还要求自己的女儿玛丽雅娜毁掉和未婚夫法赖尔的婚约，嫁给达尔杜弗。消息传开之后，玛丽雅娜与法赖尔之间产生了严重的误会，两人互相猜忌，都认为是对方变了心。在女仆的帮助下，这两个年轻人解开了误会，还商讨怎么对付达尔杜弗，以便让父亲看清这个伪君子的真面目。玛丽雅娜看出了

【图 53】 莫里哀

达尔杜弗对继母的邪心，便请继母出面和达尔杜弗好好谈谈。达尔杜弗要求艾耳密尔在一间隐秘的房间中与自己会面。艾耳密尔答应后，让奥尔贡事先藏在房间的桌子下。艾耳密尔应约来到房间中，她先是劝达尔杜弗放弃与玛丽雅娜的婚事。达尔杜弗终于露出了真面目，他将手放在了艾耳密尔的身上，向她求起爱来，并且声称奥尔贡"是一个让我牵着鼻子走路的人"。躲在桌子底下的奥尔贡听到这些话，愤怒地爬出桌子，喝令达尔杜弗立刻滚出家门。

但是之前在达尔杜弗的哄骗下，奥尔贡已经将自己的全部财产都送给了他，还将一个朋友的秘密文件交给达尔杜弗保存。达尔杜弗在这时候翻脸无情，奥尔贡不仅失去了房子和所有财产，还要受达尔杜弗手中的秘密文件的要挟。关键的时刻，国王的侍卫官赶到，他们被派来逮捕达尔杜弗。达尔杜弗终于受到了惩罚，军官说："圣上目光炯炯，洞见人心，骗子本领再大，也蒙哄不了。"国王宽恕了奥尔贡的过错，把财产归还给他，法赖尔与玛丽雅娜终于成婚。一切以美满结束。

全剧一共 5 幕，用非常独特的方式开场，在第一幕第一场，是白尔奈耳太太对家庭成员的训斥，因为他们都不相信达尔杜弗。从艺术角度看，这种开场方式显示了莫里哀娴熟的创作技巧。在前两幕，主人公达尔杜弗并没有出场，却处处体现了这个人物的存在，这种安排非常巧妙，当第三幕主人公出场的时候，观众们已经对事情有了详细的了解。剧中的人物关系、人物性格和立场都非常鲜明，让人一看就懂，却又充满了悬念和冲突。莫里哀说："我为了这样做，整整用了两幕，准备我的恶棍上场。我不让观众有一分一秒的犹疑；观众根据我送给他的标记，立即认清他的面目；他从头到尾，没有一句话、没有一件事不是在为观众刻画一个恶人的性格，同时我把真正品德高尚的人放在他的对面，也衬出品德高尚的人的性格。"剧中的这种顺序使得剧作的悬念充满了张力，情节的发展也显得水到渠成，非常自然。

歌德曾这样夸奖这段开场："这是一个伟大的例子。只要想想第一场做了什么介绍工作，也就成了；从一开头，就句句富有意义，吸引我们注目更重要的事情。莱辛的《米娜》的开场已经不错了，可是像《达尔杜弗》那样的开场，世上只有一次——像它这样的开场，是现存最伟大和最好的开场了。"

剧作成功地塑造了达尔杜弗这一人物形象，并成为经典。在当时的法国，有一大批像达尔杜弗这样的人，他们依靠骗取他人来生活。像奥尔贡这样需要"良心导师"的富商，给了达尔杜弗这类伪君子机会。

《伪君子》的结构遵循了古典主义的创作原则，戏剧的情节一致，人物的性格也单一。达尔杜弗这一人物的性格便是伪善，明明是个恶棍，却要将自己伪装成一个品德高尚的人。莫里哀塑造这一形象的成功，使"达尔杜弗"成为伪君子的代名词。

死在舞台上的莫里哀

莫里哀除了是一位戏剧家，还是一名优秀的演员，常常在自己创作的戏剧中扮演重要角色。他在去世之前生了很重的病，妻子恳切地劝他说："你病得这样重，就不要登场了吧！"他却说："这有什么办法呢？假如一天不演出，那50个可怜的兄弟又如何生活呢？"莫里哀登场了，他在台上剧烈地咳嗽着，人们以为是他演技逼真，结果咳破了喉管，莫里哀倒下了，将生命结束在了他挚爱的舞台上。

王后爱上王子

让·拉辛是 17 世纪法国古典主义悲剧家，是戏剧史上一位非常重要的人物。拉辛的戏剧代表作《费得尔》，是一部耐人寻味的悲剧。故事源于古希腊的传说，雅典王子依包里特与阿丽丝相爱，但是雅典王忒修斯在外出前宣布阿丽丝不能结婚。这件事使依包里特非常痛苦。再加上无法忍受继母费得尔，他决定离开。费得尔知道依包里特要走，急得要死，因为她爱上了这位英俊又高傲的王子。费得尔内心很是煎熬，这时传来了忒修斯已经死亡的消息，这让费得尔看到了爱情的希望。费得尔在她的乳母的怂恿下，向依包里特表白了心意。这可吓坏了依包里特，依包里特严厉地拒绝了继母的求爱。费得尔威胁依包里特，若是不能接受，就一剑刺死他。依包里特觉得她很荒谬，再次拒绝。费得尔拿着依包里特的剑慌忙离开了。

费得尔思来想去，还是想要得到依包里特的心，便让乳母将国王的王冠献给依包里特。正在这时传来了忒修斯还活着的消息，费得尔惊慌失措，不知如何是好。乳母劝说费得尔恶人先告状，就说是依包里特对母亲不敬。但费得尔在看见忒修斯的时候没能说出口，只是慌忙逃开。乳母为了费得尔，去向忒修斯告状，说依包里特对王后有不轨之心，忒修斯很是愤怒，便让海神杀死自己的逆子！依包里特一再向父王强调，自己爱的人是阿丽丝，绝对不会做出其他的事，但是忒修斯被愤怒蒙蔽了双眼，根本不相信。费得尔听说忒修斯要杀了依包里特，便请求忒修斯饶恕王子。依包里特自始至终都在

【图54】 ［法］皮埃尔·纳西斯·盖兰 《费得尔和希波吕托斯》

说自己只爱阿丽丝一人，费得尔非常痛心。

最后，海神杀死了依包里特。乳母无地自容，跳海自杀。费得尔喝下毒酒后，向丈夫坦白了自己的罪行，最后死去。

《费得尔》取材于古希腊悲剧作家欧里庇得斯的《希波吕托斯》(图54)。在剧中，拉辛没有写故事发生的地点和时间，甚至没有对人物的年龄和外表的描述。这样一来，剧中人物的内心活动体现得更加淋漓尽致。拉辛使剧中的费得尔摆脱了神话因素的影响，成为一个活生生的人，有欲望有情感的女人。

费得尔在乳母的劝告和诱导下，才有了勇气，但是她总是不够勇敢，在痛苦和渴望中挣扎着。费得尔知道自己在一步步走向深渊，她也试图挣扎，但是内心的欲火总是在燃烧，她说："我到处回避依包里特，真是苦不堪言！我在他父亲的形象里又见到他的身影！我只能竭尽全力克制自己，为迫害他我简直不遗余力，为了驱除我钟爱的敌人，我装成一个暴虐的后母。"可以看出费得尔也曾抑制自己的内心，挽救自己的灵魂。但当费得尔听闻忒修斯死去时，本已愈合的伤口再度流出了鲜血，这一次，将是走向毁灭。

拉辛与国王

拉辛很受法王路易十四器重，1677年被封为史官，长期生活在国王身旁，曾多次随驾出征，搜集战史资料。1690年拉辛被封为国王侍臣，4年后成为国王的私人秘书。

然而，拉辛最终也没有为路易十四写出"战史"，而是利用曼特侬夫人请他为贵族孤儿学校写剧的机会，写出两个涉及国王宗教政策的悲剧《以斯帖》和《亚他利雅》，内容为宣扬反抗暴政的思想。由于拉辛对国王的内外政策不满，晚年他同国王越来越疏远，以致路易十四禁止他进入宫廷。此后拉辛在郁郁寡欢和凄凉愁苦中度日，临终前还在为自己做了诗人和戏剧家忏悔，希望能够得到波尔罗亚尔修道院的谅解。

【图 55】 哥尔多尼雕像

一个仆人和两个主人

卡尔洛·哥尔多尼是意大利18世纪的现实主义剧作家，欧洲启蒙运动时期的代表人物（图55）。《一仆二主》是哥尔多尼的代表作。这是一部三幕喜剧，创作于1745年，它讲述了一个仆人侍奉两个主人的有趣故事。

彼阿特里切与弗罗林多相爱，为了爱情，弗罗林多与彼阿特里切的哥哥费捷里柯决斗。弗罗林多不小心将费捷里柯刺死，慌忙地逃走了，下落不明。彼阿特里切想要寻找弗罗林多，但是缺少资金，便想要将哥哥的债户清账。于是彼阿特里切决定女扮男装，伪装成哥哥的样子去要债。由于兄妹两人长得极为相似，彼阿特里切并没有被大家识穿。这天，费捷里柯原来的未婚妻克拉莉切正在与西里维俄举行订婚仪式，伪装成哥哥的彼阿特里切突然出现（因为克拉莉切的父亲巴达龙纳是费捷里柯的债务人）。"费捷里柯""死而复生"，所有的人都被吓到了。

彼阿特里切上路寻找弗罗林多，遇到了特鲁法尔金诺，便将他雇为仆人。一天，特鲁法尔金诺正在等候彼阿特里切，正巧遇到了逃难到威尼斯的弗罗林多，弗罗林多也需要一位仆人，为了多赚些钱，特鲁法尔金诺又成为弗罗林多的仆人，开始了一仆二主的生活。特鲁法尔金诺经常弄错两个主人的差事。这天恰巧两个主人都让他去邮局取信，他把两个主人的信弄混了，将原本给彼阿特里切的信给了弗罗林多。巴达龙纳送来100个金币要他交给主人，但是他根本不知道是指哪个主人。

老巴达龙纳希望女儿能嫁给原来的未婚夫费捷里柯先生，但是克拉莉切爱的是西里维俄，不答应父亲的请求。克拉莉切对爱情的忠贞感动了彼阿特里切，彼阿特里切便将自己伪装哥哥的事情告诉了克拉莉切。知道"费捷里柯"先生原来是女儿身，克拉莉切心中没有了顾虑，没过多久两人便成了无话不谈的朋友。克拉莉切与"费捷里柯"的密切来往和亲密的行为引来了西里维俄的不满，他非常嫉妒，对克拉莉切猜忌起来。面对愤怒的西里维俄，克拉莉切有口难言，非常矛盾。

这天特鲁法尔金诺正在为两个主人晾晒衣服，不小心将彼阿特里切衣服口袋中的一张相片放到了弗罗林多衣服的口袋中，随后又将弗罗林多的信件误放在了彼阿特里切的箱子里。两个主人看到误放交换的东西后感到奇怪，特鲁法尔金诺被两个主人分别追问是怎么回事，并且询问彼此的下落。特鲁法尔金诺不知情，便谎称对方已经死了。彼阿特里切听后，痛不欲生，弗罗林多听后，愈加自责。彼阿特里切决定自杀，因为她独自活不下去了。弗罗林多也不想活了，他认为没有爱人的生活没有意义。两人正准备自杀，突然看见了对方，他们惊喜地发现原来自己的爱人还活在世上。两人终于团聚了，彼阿特里切也恢复了身份，做回女孩。克拉莉切终于和西里维俄解除了误会，有情人终成眷属。而特鲁法尔金诺暗恋克拉莉切的女仆拉尔金娜，两个人也走到了一起。

《一仆二主》是即兴喜剧向"性格喜剧"过渡的一部标志性作品。剧作成功地塑造了特鲁法尔金诺的形象，这个艺术形象生动而富有活力，从中可以体现出哥尔多尼对即兴喜剧的革新。剧作的故事发生在18世纪初的意大利威尼斯，特鲁法尔金诺是一个流落在城市里的农民，靠为别人做事为生。特鲁法尔金诺的遭遇是当时意大利社会上的一种普遍现象，这里长期遭受殖民者的侵略，战争不断，农民们失去了家园，只好流浪在城市中，他们忍气吞声、挨饿挣扎。作者将这样的人写成了一个喜剧角色，可谓是苦中作乐。特鲁法尔金诺的目的是不出破绽地侍奉好两个主人，好多赚一份钱，但是粗心的他频频出错，闹出了不少笑话。但机智的他又每次都能够化险为夷，彼阿特里切说："他有时候看起来傻乎乎的，但事实却完全不是那样。至于说到忠实，那可是没有二话。"看来他在主人眼里，还是一个优秀的人。特鲁法尔金诺在努力生活的同时，也遇到了自己的爱情，可见他并没有因为残酷的战争和流离失所的生活而放弃幸福，他也有着自己心中的美好。

剧中有多次"偶然"和"巧合"事件，这些事情都充满了悬念和乐趣，观众们总是等着看特鲁法尔金诺如何来应对这些突发事件，这是让人觉得非常有兴致的事情，一边着急让彼阿特里切和弗罗林多快点相见，一边又看着特鲁法尔金诺闹出一个个笑话，真是既可恨又可爱。这便是剧作的成功之处。

在《一仆二主》中，哥尔多尼牢牢地把握住了喜剧人物的性格逻辑，并且将每个人物的形象都进行了精致的雕琢，再加上戏剧性的动作，让人物闪耀着光芒，成为焦点。剧中语言诙谐幽默，每句台词中都蕴含着丰富的笑点，让观众总是在哄堂大笑之后还饶有兴趣地关注后续情节。

【图56】 莫扎特音乐剧《费加罗的婚礼》

四个人的感情闹剧

　　有一个人在法国戏剧史上的地位仅次于莫里哀，这个人就是加隆·德·博马舍。《费加罗的婚礼》是博马舍历时 3 年才完成的巨作，但由于路易十六的阻挠，直到多年后才上演。剧作一上演，就轰动了整个巴黎，也轰动了整个戏剧界（图 56）。

　　《费加罗的婚礼》又名《狂欢的一天》，是《塞维勒的理发师》的续篇，讲述了四个人之间的感情闹剧。费加罗是一位伯爵的仆人，他与苏珊娜相爱，即将举行婚礼。伯爵垂涎苏珊娜的美色，被费加罗知道了，费加罗很是愤怒，决定惩罚伯爵。薛侣班得罪了伯爵，伯爵要将他赶走。苏珊娜遇到薛侣班，决定帮助他。伯爵又来纠缠苏珊娜时，苏珊娜将薛侣班藏了起来，但还是被伯爵发现了。伯爵在众人面前宣称放弃了苏珊娜的初夜权。苏珊娜将伯爵的不轨之心告诉了夫人，夫人听后决定帮助苏珊娜和费加罗。他们决定让薛侣班伪装成苏珊娜去赴伯爵的约会，但是正当他们给薛侣班化装的时候，伯爵突然到来。薛侣班跳窗逃走，被园丁发现，园丁将此事告密给伯爵，还好费加罗急中生智，说跳窗的人是自己，才将此事蒙混了过去。

　　由于以前签署的一份借据，费加罗被告上法庭。在法庭上，费加罗幸运地与自己的亲生母亲相认。费加罗决定取消惩罚伯爵的计划，但是夫人却不同意。为了挽回夫人的婚姻，苏珊娜还是决定帮助夫人实行当初的"约会"计划，于是两个人瞒着费加罗进行着计划。在费加罗与苏珊娜举行婚礼的晚上，伯爵应约来到花园，夫人伪装成苏珊娜的样子站在约定的地点，昏暗的灯光下伯爵并没有认出夫人，拉着她的手说了一通的甜言蜜语。这时伪装成夫人的苏珊娜出现，费加罗见到苏珊娜，错以为是夫人。当他认清楚后，便帮助她们演戏，跪在装成夫人的苏珊娜面前示爱。这一幕被伯爵看到，他愤怒地抓住了费加罗，又去追逃走的"夫人"。最后，伯爵发现被追上的人是苏珊娜，而刚才与自己约会的才是夫人，这场闹剧终于结束。

剧作成功地塑造了费加罗和伯爵的形象，两人的身份是对立的，一个是没有地位的仆人，一个是高高在上的主人。主人有着决定仆人生死的权力，他甚至可以欺负仆人的未婚妻。费加罗不愿意妥协，便开始了一系列的抗争。费加罗的形象体现了底层人民的智慧，同时也反映了下层人民追求幸福的愿望。伯爵的形象代表了腐朽的贵族，沉迷于权力和欲望中。

博马舍借费加罗之口揭露当时社会的本质，鞭策了封建官僚，抨击了黑暗的封建统治。剧作通过制造多个误会，不断地加强戏剧的悬念，使情节的发展扣人心弦，紧凑且富有节奏，编制了一个妙趣横生的故事。剧作反映了一场尖锐的阶级斗争，暗喻了法国平民阶级人民的胜利。在结尾处，博马舍写道："人民受着压迫，他们就会诅咒，会怒吼，会行动起来。"

专门造谣诽谤的"学校"

谢立丹是英国著名的剧作家、政治活动家。《造谣学校》是谢立丹的代表作，写了两个性格不同的兄弟间发生的有趣的故事（图 57）。

史妮薇夫人整天无所事事，与一群贵族男女以造谣生事为乐，专门破坏别人的名誉和家庭幸福。史妮薇夫人的家，渐渐成为一所"造谣学校"。史妮薇暗恋查理士·索菲斯，但是查理士·索菲斯与玛莉雅相爱，为了拆散他们，史妮薇让人模仿查理士的笔记伪造了一份情书，并将这封情书给了狄夫人。再加上史妮薇等人的造谣，查理士被弄得声名狼藉。查理士的哥哥约瑟·索菲斯是个阴险的小人，他一边追求狄夫人，一边还觊觎弟弟喜欢的玛莉雅。在商议下，史妮薇与约瑟达成共识，两人准备联手获得共同的利益。

狄夫人的丈夫彼得·狄索爵士是查理士和约瑟的监护人，他原本是个老光棍，后来经人介绍娶了比自己小几十岁的狄夫人。狄夫人原来是个乡下的姑娘，来到伦敦后，她变得爱慕虚荣，崇尚奢靡的上流社会生活。由于狄夫人整天与"造谣学校"的人厮混在一起，彼得很是不满，两人常常为此吵架。彼得听信了传言，以为查理士变成一个堕落的少爷，很是担忧。此外彼得很是信任约瑟，认为他是一个好青年。

这天，索菲斯兄弟久居印度的叔叔奥利福·索菲斯回到了伦敦，奥利福打算在两个侄子之间选择其中一位来继承自己丰厚的家产。彼得将两兄弟的情况告诉了奥利福，但是奥利福又从老管家罗利那里打听到了与彼得口中不

【图57】 《造谣学校》插图

一样的情况。为了慎重选择继承人，奥利福决定乔装打扮，去弄清楚事实真相。奥利福伪装成放债的人来到查理士家中，查理士居然将家中祖传的画像卖给了奥利福，这使奥利福非常失望。但是查理士却拒绝卖出叔叔奥利福的画像，奥利福深感欣慰。在拿到钱之后，查理士马上将其中的一部分分给了穷亲戚们，奥利福见此，明白了查理士的为人。

　　狄夫人偷偷与约瑟在书房中约会，彼得突然进来，狄夫人只好藏在了门帘后。彼得在与约瑟的谈话中说起了约瑟追求玛莉雅的事情，并且向约瑟倾诉自己妻子狄夫人与查理士的不轨谣言。正在这时候，查理士来了，彼得想要试探谣言是否属实，便让约瑟将自己藏在了橱柜中。约瑟提起了关于谣言的事情，查理士否认了这件事情，并把约瑟和狄夫人的暧昧说了出来。彼得出来后，明白了查理士是清白的，便向其道歉。巧的是史妮薇在此时来找约瑟商讨计策，约瑟便出门迎接史妮薇。查理士一个不小心，碰了门帘，藏在门帘后的狄夫人现身。狄夫人向丈夫坦白并认错，因为藏在门帘后的她听到了所有的话，知道了约瑟的虚情假意。

　　大家都离开后，约瑟很是懊恼。奥利福在此时出现，这一次他扮演的是穷亲戚，约瑟撒谎欺骗奥利福，使得奥利福知道了约瑟的真面目。几个小时内，"门帘事件"便被"造谣学校"的人传遍了整个城市。一些无聊的贵族男女来到彼得家中搬弄是非，在奥利福的帮助下才将他们请走。奥利福决定将查理士选为自己的继承人，并恢复了本来面目。最后查理士与玛莉雅步入了婚姻的殿堂。

　　剧作的结构非常精巧，全剧分为 5 幕，共有 14 场。谢立丹用两条平行的情节为线索，其中索菲斯兄弟为主线，彼得爵士夫妇为副线，既表现了兄弟之间的财产继承问题，又说明了婚姻生活和财产的问题。在剧中，谢立丹生动地刻画了英国上流社会的人情世态，表达了"惩恶扬善"的主题。剧中的人物之间关系复杂，事件繁多，谢立丹用清晰的线索将这些人物与事件串联在一起，达到了一种既有悬念又有秩序的效果。全剧作最重要的情节便是"门帘事件"，这里是导致误会和矛盾的地方，也是让一切真相大白的地方，并且在发生的过程中非常富有戏剧性，喜感也极强。剧中的语言滑稽夸张，非常有趣，常引得观众哄堂大笑，也表现了人物复杂的心理活动。

谢立丹的剧作情节丰富曲折，人物形象生动，语言有趣，在当时极为风靡，深受观众的喜爱。这使得谢立丹成为英国戏剧史上的一位重要的喜剧家，并代表了 18 世纪英国戏剧艺术的最高成就。

晚景凄凉的谢立丹

1780 年，谢立丹当选为下议院议员，从政 30 余年，与英国摄政王是至交。谢立丹晚年非常凄凉，当一场大火烧了他的剧院时，谢立丹到对面的咖啡馆要了杯葡萄酒，眼睁睁地看着自己的心血毁于一旦，并戏谑地说："一位绅士难道不能在自家的炉火旁静静地品尝一杯葡萄酒吗？"

在暴风雨摧残之前，一朵玫瑰折了下来

G.E.莱辛是德国著名戏剧家和戏剧理论家（图58），也是德语文学的奠基者。《爱米丽雅·迦洛蒂》是莱辛最出色的剧作之一，也是德国戏剧史上第一部具有反封建意识的剧本，取材于罗马历史学家李维的《维吉尼雅的故事》。

故事发生在15世纪的意大利。爱米丽雅·迦洛蒂是一个美丽的姑娘，她与阿皮阿尼伯爵相爱，两人即将结婚。亲王赫托勒在一次晚会上见到了爱米丽雅，从此爱慕难舍。这天画家孔蒂带来一张画像，赫托勒意外地发现画中的人就是自己朝思暮想的爱米丽雅。赫托勒的手下马里内利侯爵打听到爱米丽雅将要结婚的消息，赫托勒得知爱米丽雅将要嫁给自己的仇敌阿皮阿尼，心中很是愤怒。其实赫托勒是有未婚妻的，是邻国的一位公主，而且他还有一个情人奥尔西娜伯爵夫人，但是这些都不能使他对爱米丽雅的欲望停止。

爱米丽雅要结婚了。结婚当天，爱米丽雅到教堂做弥撒，赫托勒跟踪而去，向爱米丽雅表达了自己的心意，遭到了拒绝。赫托勒既恼又怒，决定将阿皮阿尼调离当地，但是没能成功。爱米丽雅的婚礼将在庄园举行，她坐着马车去往婚礼现场，突然出现一群歹徒，他们杀死了阿皮阿尼，劫走了爱米丽雅。这群歹徒是马里内利雇来的，阿皮阿尼在临死前向爱米丽雅的母亲克劳迪雅说出了马里内利的名字。克劳迪雅找到马里内利，让他交出自己的女儿。爱米丽雅在见到母亲后，终于撑不住晕倒。赫托勒将母女二人送到了内

171

【图58】 莱辛

室中。奥尔西娜伯爵夫人来了，她被赫托勒抛弃，赫托勒坚决拒绝见她。于是，奥尔西娜跑去向爱米丽雅的父亲奥多雅多说明了赫托勒的企图。作为一位传统的父亲，奥多雅多为了荣誉忍痛亲手杀死了爱米丽雅。

　　对于剧作故事的取材，莱辛说："作家之所以需要一段历史，并非因为它曾经发生过，而是因为对于他的当前的目的来说，他无法更好地虚构一段曾经这样发生过的史实。如果他偶尔发现一桩真实的不幸事件是合适的，他会满意这桩真实的不幸事件。"

剧作成功地塑造了亲王赫托勒的形象，他用情泛滥，有着强烈的情欲和轻佻的性格。他本来有一位情人，但是在与邻国公主订婚后，便将情人抛弃。当爱米丽雅出现的时候，他又深陷其中不能自拔，为了得到爱米丽雅，他不惜付出一切代价。一位高高在上的亲王，在情欲面前，如同白痴一样，这就是莱辛笔下的人物。莱辛细腻地描写了赫托勒，并对他进行了嘲讽和同情。

爱米丽雅是一个正直而传统的女子，她安守道德，不谙世故，非常单纯。而她的父亲，虽然是一个没落贵族，却有着自己的原则和一身傲气。他不满意贵族们的荒淫无道，不愿意与他们来往，他还要求女儿在结婚后与丈夫一起离开喧嚣的城市。最后，为了"道德"，他甚至杀死了自己心爱的女儿。

亲王的心腹马里内利在剧中是一个小人的形象，他为了讨好主人，不惜用劫杀这样卑劣的手段。他在剧中有着非常重要的作用，是事件发展的催化剂。而亲王的情妇虽漂亮妖娆，但性情暴躁傲慢，正是这样一个虚荣又做作的形象，与爱米丽雅形成了鲜明的对比，衬托了爱米丽雅的单纯和善良。

《爱米丽雅·迦洛蒂》的语言通俗流畅，没有丝毫华丽的词汇。莱辛在《汉堡剧评》中这样写道："许多人都认为雍容造作和悲剧是一码事。不仅许多读者持这样的看法，甚至许多作家也是这样。在他们看来，这就是悲剧的真正风格。感情绝对不能与一种精心选择的、高贵的、雍容造作的语言同时产生。这种语言既不能表现感情，也不能产生感情，然而感情是同最朴素、最通俗、最浅显明白的词汇和语言风格相一致的。""没有什么比朴素的自然更正派和大方。"

《爱米丽雅·迦洛蒂》是莱辛花了15年的时间创作的一部悲剧，其中蕴含了莱辛对美学及戏剧学的重要看法和观点。

第九章

打破一切束缚，以奇制胜

（18世纪末—19世纪）

　　在法国大革命倡导的"自由、平等、博爱"思想的推动下，对个性解放和情感抒发的需求，对个人独立和自由的强调，成为浪漫主义思潮的核心思想。所以浪漫主义戏剧都有着鲜明、强烈的个性，故事情节都具有传奇性色彩，语言浪漫通俗，情调多姿多彩。浪漫主义剧作家有两种截然不同的类型：一种是消极的浪漫主义，完全沉浸在个人的理想世界中，以此来逃避现实；另一种是积极的浪漫主义，他们面对历史，表现出上进的热情。

【图 59】 席勒雕像

《阴谋与爱情》

席勒是德国 18 世纪著名诗人、作家、哲学家、历史学家和剧作家（图 59），《阴谋与爱情》是席勒最得意的戏剧作品之一。剧作描述了平民琴师米勒的女儿露伊丝和宰相的儿子斐迪南之间发生的悲惨爱情故事。

宰相的儿子斐迪南是一个英俊的青年，他爱上了城市乐师米勒的女儿露伊丝，并想将露伊丝娶回家。但米勒不同意这桩婚事，甚至不准斐迪南再到他家里来。米勒夫人倒是和丈夫的意见不同，她认为斐迪南有钱有势，送的礼物可以变卖出不少钱，说不定全家都能因此过上好日子。米勒不愿意用女儿的幸福来换取金钱，他决定亲自去请求宰相中断斐迪南和女儿的来往。

宰相瓦尔特是一个诡计多端的人，他曾经为了权位不惜谋害他人，现在他也不同意斐迪南同那个贫穷的姑娘来往，因为他希望儿子能与公爵的情妇米尔福特夫人结婚，这样就可以通过米尔福特夫人与公爵的关系来加强自己的权力和地位。尽管这是一个表面上的婚姻，但斐迪南却表示了强烈的反抗，他不同意！因为他爱着露伊丝。斐迪南恐吓父亲，若再逼他娶米尔福特夫人，他就将父亲的全部罪行公之于世。宰相瓦尔特只好暂时作罢。

米勒的同乡伍尔姆是宰相家里的秘书，早在几年前，米勒曾答应伍尔姆将女儿嫁给他，但前提是女儿自己愿意。伍尔姆向露伊丝表白，遭到了拒绝，于是伍尔姆找到米勒，让他拿出父亲的权威，遵守诺言将女儿嫁给自己。米勒拒绝了伍尔姆的要求，因为这个父亲深爱着自己的女儿，他不愿意露伊丝受一点委屈。

露伊丝向父亲表明自己爱着斐迪南，并且会越过身份的差距，得到爱情和自由。但是父亲还是固执己见，认为把女儿交给斐迪南就是害了她。伍尔姆求婚遭到拒绝后一直怀恨在心，他向丞相献了一条计策：将米勒抓起来，以此威胁露伊丝写一封情书给一个素不相识的男人，并且宣誓，以后永不泄露写情书的原因。这样，露伊丝不仅失掉了斐迪南少校的爱，也丧失了名誉。宰相认为这是一个好计策，便将米勒夫妇关押了起来。为了救出父亲，露伊丝照做了这一切。

米尔福特夫人找到露伊丝，要求露伊丝将斐迪南让给自己，这样露伊丝就可以当她的侍女。露伊丝拒绝了米尔福特夫人的要求，米尔福特夫人愤怒地威胁露伊丝，说若她得不到斐迪南，露伊丝也休想得到。在露伊丝的一番感人肺腑的话中，米尔福特夫人受到了教育，她悔恨自己曾经的生活，决定以后靠自己的双手做工过日子，之后便离开了德国。

伍尔姆故意让斐迪南看到了露伊丝写给他人的情书，斐迪南看后大怒，跑去向露伊丝证实，但露伊丝为了父母，坚持没有将事实说出来。斐迪南认为这样将感情当作玩物的女人应该接受惩罚，他决定与露伊丝一同死去。他将毒药下到柠檬水中，让露伊丝喝下去，同时他自己也喝下了毒药。露伊丝已经做好了死去的准备，因为她深深地爱着斐迪南。在将死之际，露伊丝终于向斐迪南说出了事情的真相。斐迪南在惊讶和自责中倒下，死在了爱人的身边。

剧作充分地体现了社会生活的复杂，通过几个人物之间的冲突反映了当时社会阶级的现实，剧中的人物都有着鲜明的性格。斐迪南，一个接受了启蒙思想的青年，身为贵族的他毅然选择自由的恋爱。但是高高在上的他又怎么理解一个平凡女孩心中的恐惧？他在误会过后，宁可与心爱的人同归于尽。斐迪南的父亲是一个宫廷贵族，一辈子生活在权位的争夺当中，只要是妨碍自己往上爬的人，他都要清除。所以在他眼中，连亲生儿子都是被利用的对象。米尔福特夫人，这个有着美貌和智慧的女人，她原本是英国贵族的后裔，因家道中落流落到德国，靠着美色成为德国公爵的情人。她同情弱者，阻止公爵对人民施暴。就是这样一个女子，也需要为生活而出卖肉体。在见证了斐迪南与露伊丝的忠贞爱情后，她恍然大悟，明白了自己想要的生活是什么，毅然地放弃了所有的财产，离开了公爵。

米勒是一个平凡的市民，一个平凡的父亲，深爱着自己的女儿，生怕她受到伤害。他倔强、正直，但又有些懦弱。伍尔姆是剧中的小人，他奸诈、猥琐，为达目的不惜一切手段，做事总是鬼鬼祟祟，非常令人讨厌。

剧中的露伊丝是一个出生在平凡家庭的少女，她有着一颗善良的心，信仰宗教，忠实于爱情。但是当斐迪南向她求爱的时候，她说："你在迷惑我，斐迪南——你在把我的视线挪开，不让我看见我非掉进去不可的深渊。我看到我的前途——荣誉的声音——你的计划——你的父亲——我的一无所有。斐迪南！一把短剑悬在你和我的头顶上！有人要拆散我们。"露伊丝知道宰相会反对自己和斐迪南的爱情，在这个显赫的权势面前，露伊丝显得有些渺小，她不知道自己所处的位置，但她心中深深地爱着斐迪南，她愿意为了爱情放手一搏。露伊丝的性格充分地体现了当时德国进步青年的特征，他们反对封建制度，呐喊着："等级的限制都要倒塌，阶级可恨的皮壳都要破裂！人就是人！"多么的悲愤，多么的壮志，这就是这个时代的心声。

席勒与歌德的友情

席勒和歌德是德国两位最伟大的文学家。1794年，席勒与歌德结交，并很快成为好友。在歌德的鼓励下，席勒进入了一生之中第二个旺盛的创作期。1805年5月9日，席勒逝世，歌德为此痛苦万分："我失去了席勒，也失去了我生命的一半。"歌德在死之前，还要求把自己葬在席勒的遗体旁。至今，他们的棺木仍在一起。

贵族与国王的斗争

　　维克多·雨果是法国浪漫主义文学的代表作家，被人们称为"法兰西的莎士比亚"。《欧那尼》是雨果影响力最大的戏剧作品，该剧讲述了16世纪西班牙一个贵族出身的青年欧那尼反抗国王的故事，其中还有着一段浪漫的爱情。素儿是一位贵族小姐，她被迫和老公爵吕古梅订婚，但她却爱上了年轻英俊的欧那尼。欧那尼是一个强盗，与国王卡洛斯有着杀父之仇。国王卡洛斯也喜欢素儿，他知道素儿有一个秘密情人，为了弄清楚这个人是谁，他蒙面藏到了素儿小姐的壁橱中。

　　素儿与欧那尼见面了，两人互诉衷肠，并约定私奔。国王卡洛斯在这时出现，向素儿小姐求爱。欧那尼一怒之下拔剑与卡洛斯决斗。老公爵吕古梅来了，看到了两人决斗的场面，便要将欧那尼抓起来。卡洛斯说明了自己国王的身份，说是为了与老公爵商议政事而来，并且称欧那尼是自己的随从。老公爵的出现打破了所有人的计划，卡洛斯只好心生他计来得到素儿。

　　第二天，夜幕降临的时候，卡洛斯冒充欧那尼将素儿骗了出来。素儿在见到卡洛斯时候，转身要走，卡洛斯又是说情话，又是威胁，素儿统统不理睬。还好欧那尼及时赶到，将素儿救下。欧那尼提出要和卡洛斯决斗，卡洛斯却说自己是国王，强盗不配和他决斗。高傲的欧那尼不愿意逼迫仇人与自己决斗，便将卡洛斯放走。卡洛斯回宫后，便通缉了欧那尼，很快追兵来捉拿欧那尼。欧那尼只好逃走，与素儿分离。素儿不得不与吕古梅公爵结婚，婚礼当晚，欧那尼乔装成宾客到城堡借宿，希望能够见心爱的人一面。

　　欧那尼以为素儿不再爱自己，伤心欲绝的他竟然当众承认自己是通缉犯。这引来了官兵的搜查。吕古梅公爵出于贵族的荣誉，要保护家中客人的性命，不肯交出欧那尼。欧那尼见到素儿后，痛斥她的负心。素儿不知该如何表达自己的心意，情急之下拿出匕首，以死来证明自己对欧那尼的爱。欧那尼被素儿的行为吓到了，将素儿紧紧地搂在怀中，他终于明白了素儿没有变心。这一幕被老公爵看到，老公爵大骂欧那尼没有良心，怎能与自己的妻子有苟且之事。可老公爵还是将欧那尼藏起来躲避了官兵的搜查。国王把素儿捉去做人质，威胁老公爵交出欧那尼。欧那尼为报答老公爵，将自己的号角交给他，说无论何时，只要公爵吹起号角，欧那尼就立刻献出生命报答。

　　西班牙贵族们密谋造反，欧那尼和吕古梅也参加了反国王势力集会。结果被叛徒出卖，集会的所有人被抓。卡洛斯成为日耳曼的国王，高兴之下他赦免了全部造反的人，并允许了欧那尼与素儿的婚事。在新婚宴会上，欧那尼与素儿正甜蜜地拥抱在一起，却从远处传来了低沉的号角声。老公爵为欧那尼抢走自己娇妻的事情耿耿于怀，嫉妒心驱使他吹响了号角。欧那尼一言九鼎，遵守自己许下的诺言，义无反顾地服毒自杀。素儿无法接受这一切，拿起剩下的毒药喝了下去。两人紧紧相拥在一起，就算死也要死在一起。老公爵看到此情景，深深地自责，痛苦的他拔剑自杀。

【图60】 《茶花女》插图

浊世中的圣洁茶花

　　亚历山大·小仲马，法国杰出小说家和剧作家。他出生在巴黎，父亲是法国著名的小说家大仲马。《茶花女》是小仲马的代表作（图60），创作于1848年，4年后改编为戏剧上演。

　　玛格丽特是一位来自乡下的姑娘，在巴黎，她为了生计，沦为妓女。由于玛格丽特聪明又美丽，很快就成了一个"社交明星"，出没在上流社会，每天周旋在公卿贵族之间。玛格丽特喜欢用茶花来做装扮的点缀，所以大家都叫她"茶花女"。阿尔芒是税务局局长的儿子，母亲在3年前去世，妹妹和父亲都住在外地，只有他一人在巴黎生活。阿尔芒在一次舞会上见到了玛格丽特，心生爱慕之情。阿尔芒是个腼腆的年轻人，他没有勇气向玛格丽特表白，只是默默地关注她。

　　玛格丽特生病了，在医院度过了3个月，这期间阿尔芒常常去探望玛格丽特，但是从来不留姓名。玛格丽特虽然心存感激，但并不知道是谁。终于阿尔芒得到了去参加玛格丽特的聚会的机会，这天两人正式结识，并成了好朋友。相处中玛格丽特渐渐对阿尔芒产生了好感，当得知一直去医院探望自己的便是阿尔芒时，她放下了一切心结，爱上了阿尔芒。两人相爱之后，玛格丽特想要摆脱曾经的生活，与阿尔芒一起过单纯的生活。他们来到了宁静而安逸的乡下，过了一段美好的生活。阿尔芒的父亲得知儿子迷恋一个妓女后，来到了巴黎，他找到玛格丽特，希望她能够放弃阿尔芒，因为阿尔芒还有着锦绣的前程，不能因此毁掉。玛格丽特深深地爱着阿尔芒，但是她想到自己将是爱人的绊脚石，她决定放弃这段感情。

玛格丽特告诉阿尔芒，说自己不想再过乡下的生活，并且已经成为别人的情妇，让阿尔芒离开她。阿尔芒听后心痛欲裂，万念俱灰，他痛恨玛格丽特，更加痛恨爱上这个薄情寡义的女人的自己。一个月后，失魂落魄的阿尔芒在一个聚会上看到了玛格丽特，愤怒之下阿尔芒怒斥玛格丽特，说她是没有情义的娼妇。玛格丽特心中非常难过，她隐瞒着事实，请求阿尔芒忘记自己，并劝他离开巴黎。玛格丽特是阿尔芒的全部，阿尔芒怎么舍得真的恨她？阿尔芒让玛格丽特同他一起离开巴黎，到没有人认识他们的地方重新开始。玛格丽特拒绝了阿尔芒，阿尔芒气愤地将玛格丽特推倒在地，并将一沓钞票扔在她身上羞辱她。玛格丽特终于撑不住晕倒了。玛格丽特受到了极大的刺激，晕倒之后便一病不起。阿尔芒则伤心地离开了巴黎，去往别的国家。

就这样过了一年，玛格丽特的病情已经非常严重。阿尔芒的父亲得知后，觉得良心上过意不去，便将实情告诉了阿尔芒。阿尔芒赶到玛格丽特的身边，这时的玛格丽特已经非常虚弱，很快就死去了。阿尔芒的余生将在痛悔中度过。

"茶花女"的原型是玛丽·杜普莱西，是小仲马二十多岁时的一个恋爱对象，后来死于肺病。这段爱情故事被小仲马写成小说并改编为戏剧，成为一部旷世名作。"茶花女"的形象也成为魅力的象征，是后世法国女演员争相扮演的角色。这段凄美的爱情故事是剧中的发光点，而"茶花女"的形象一直颇受争议。她是一个妓女，却有着像茶花一样纯洁的内心，她漂亮风骚，却可以为了爱情付出全部。但是"茶花女"的形象遭到了审查官们的异议，在当时的社会，用现实主义的手法来描写一个交际花，不是很容易被接受的。最后"茶花女"的形象突破了这重重的异议，成为一部脍炙人口的名作。

《茶花女》结构严谨，戏剧技巧熟练，剧中的语言流畅，富有深情，舞台场景生动丰富。剧作的故事叙述完整，有着经典的戏剧结构：起、承、转、合，非常符合人们的观赏习惯。剧作一共分为5幕，每一幕之间都有着鲜明的对比，比如在场景的设置上，第一幕中奢华的上流社会和第三幕中恬淡的乡村，就形成了强烈的对比效果。除了场景，人物的内心也发生了映照，比如主人公在相恋之前的心境和相恋之后的心境，就产生了一个对比。

"我只想拥有真实的高度"

1844 年，小仲马开始了自己的创作生涯。小仲马寄出的稿子起初总是碰壁，大仲马便对小仲马说："如果你能在寄稿时，随稿给编辑先生附上一封短信，或者只是一句话，说'我是大仲马的儿子'，或许情况就会好多了。" 小仲马却说："不，我不想坐在你的肩头上摘苹果，那样摘来的苹果没有味道。"小仲马并没有因为父亲的名声而变得骄傲，相反，他不想坐在大仲马的肩头上"摘苹果"，他想靠着自己的努力，有一片自己的天地。他给自己取了十几个其他姓氏的笔名，就是为了避开父亲的光环。

功夫不负有心人，小仲马的长篇小说《茶花女》终于得到一位资深编辑的赏识。4 年后，《茶花女》被改编为戏剧，上演后获得了空前的成功。直到后来这位编辑得知，《茶花女》的作者竟然是大仲马的儿子，于是这位编辑疑惑地问小仲马："您为何不在稿子上署上您的真实姓名呢？"小仲马说："我只想拥有真实的高度。"

【图61】 ［法］亨利·皮尔·丹罗科《沉思中的拜伦》

孤独者拜伦

乔治·戈敦·拜伦是英国 19 世纪初期伟大的浪漫主义诗人和剧作家（图 61），《曼弗雷德》是拜伦的代表作，是拜伦在瑞士寄居期间悲苦心路历程的真实写照。

曼弗雷德从小便是一个落落寡合的人。爱丝塔蒂是曼弗雷德的继妹，两人并没有血缘关系，但两人的容貌与神情却非常相似。曼弗雷德与爱丝塔蒂发生了恋爱关系，这种关系使曼弗雷德非常自悔，他将爱丝塔蒂杀死，到阿尔卑斯山中独居。

博学的他不满足于自己的学识，还在苦苦地寻找着心灵的解脱之道。这天曼弗雷德正在自己的城堡中漫步，分别代表大地、海洋、空气、黑夜、群山、暴风和星球的七个精灵来拜访曼弗雷德，问他所求的是什么，无论是什么它们都可以满足他。曼弗雷德却说："我要'忘怀'！忘怀自己！"精灵们都非常不解：这是什么要求？它们从未听说。精灵们说："它不在我们的本质里，不在我们的本领内！""我们是不死的，而且永不忘怀！"曼弗雷德听后非常失望，他走近些，想要看清楚这些精灵们的长相，却看到了爱丝塔蒂的影子。痛苦的他在一阵抽搐中昏厥过去。

在以后的生活中，曼弗雷德仿佛受到了诅咒般，情绪低落，厌弃一切，甚至厌弃自己的生命。他决定结束自己的生命，当他将要跳下悬崖的时候，被一个羚羊猎者救了。猎人将他带到茅屋中，开导他不要想不开，劝慰他珍爱自己的生命。曼弗雷德摇摇头，还是决定要死去。曼弗雷德离开了猎人，来到了一个山谷中，他遇到了山中的魔鬼，与魔鬼交谈并回忆了自己的一生。后来他又拜访了命运女神和复仇女神，在她们的帮助下见到了自己心爱的爱丝塔蒂的灵魂。修道院的院长拜见了曼弗雷德，希望他能够与教会交好，放弃与精灵的交往。但曼弗雷德拒绝了修道院院长，因为他知道自己不能与精灵为伍，但也与人类无关。最后曼弗雷德终于在平静中死去。

《曼弗雷德》带有强烈的愤世嫉俗的激情，拜伦深深地宣泄了自己无奈、孤独的情绪，不仅仅在剧中，在这段拜伦认为不堪的日子里，拜伦也希望能够"忘怀自我"。

曼弗雷德的形象所代表的不止是拜伦一人，而是 19 世纪那一个放荡时代中众多知识分子，他们内心苦闷、思想彷徨，在社会中找不到自己的位置。他们对未来的人生茫然不已，不知道该期盼些什么，王权的危机和新兴的资产阶级的贪婪，使这一代人的人生顿然坍塌，成为一个毫无意义的"黑洞"。而曼弗雷德，则更是在绝望中寻找一丝希望，希望能够通过忘怀自我来领悟这个世界，但得到的结果却是放弃生命，这个世界已然没有什么再让他留恋。

拜伦之死

1823 年，拜伦率领自己招募的一支军队参加希腊人民反对土耳其统治的民族解放战争，于第二年春天积劳成疾身亡，被埋葬在了希腊。拜伦不仅是一位伟大的诗人，还是一个为理想战斗一生的勇士。

冒牌钦差大臣

　　尼古拉·华西里耶维奇·果戈理是俄国著名的批判现实小说家，同时也是一名剧作家。《钦差大臣》是果戈理的代表作，描写了一位被误以为是钦差大臣的青年人在一个小县城发生的故事（图62）。

　　19世纪初，俄国的某个小城市在一个粗鲁而贪污的市长和一群笨蛋官吏的主宰下变得腐败不堪。一天，从内部传来消息，说是首都已派出微服私巡的钦差大臣来到这里，每个人都慌乱不已。这时候，一位叫伊凡·赫列斯塔科夫的年轻人正投宿于城内唯一的旅馆里。赫列斯塔科夫是彼得堡的一个十二品小文官，他原本是一个嗜赌如命的纨绔子弟，因为输光了旅费，不得不滞留在这个小县城里。城里愚蠢的官员们看赫列斯塔科夫外貌不凡，便误以为他就是钦差大臣。

　　市长立马在家里开了一个盛大的欢迎会，并不断贿赂赫列斯塔科夫。赫列斯塔科夫干脆就装成钦差大臣，享受着这一切。在市长等人的百般奉承之下，贪婪的赫列斯塔科夫的心里升起一个邪恶的念头，想要骗取市长的钱财。于是他向市长借钱，并与市长的妻子调情，还和市长的女儿订下了婚约。为了不被揭穿，赫列斯塔科夫在收取了一些钱财之后匆忙逃走。

　　这时候市长一家正在大宴宾客，幻想不久便能飞黄腾达。当官邸里正处于热闹的高潮时，邮局局长手捧一封信走进来。那封信是赫列斯塔科夫写给彼得堡的朋友的，被邮局局长偷偷地拆开了。赫列斯塔科夫在信里狠狠地嘲笑了这

【图 62】 《钦差大臣》插画

些把自己误认为钦差大臣的笨蛋，还为每一个官吏取了一个难听的绰号。

市长恼羞成怒，众官吏们也互相指责、谩骂。就在这时候，一个宪兵前来宣布，真正的钦差大臣要召见他们。众人像傻了一样哑然，呆若木鸡。

《钦差大臣》中，果戈理用辛辣的讽刺手法，揭露了俄国官僚阶层中真实的黑暗场景。这部喜剧不但具有强烈的讽刺倾向，还具有非凡的思想深度，而且有着独特的艺术风格。

错位的真情

埃德蒙·罗斯丹是法国著名的诗人、戏剧家。《西哈诺》原名叫《西哈诺·德·贝吉拉克》，是埃德蒙·罗斯丹的代表作。《西哈诺》描写了 17 世纪法国勇敢的剑客、诗人西哈诺的故事。

警卫军官西哈诺才华出众、剑技超群，但长着一个奇怪的大鼻子（图63）。虽然深爱着自己的表妹霍克桑，但自卑的他只能将情感深藏不露。在西哈诺终于鼓足勇气决定向霍克桑表白的时候，霍克桑遇见了缺乏才华的美男子克里斯坚，并喜欢上了这个美男子。霍克桑将这件事告诉了自己亲密的表哥西哈诺，并请求西哈诺帮助克里斯坚。为了成全霍克桑的爱情，西哈诺代替克里斯坚写情书，又在暗中帮克里斯坚向霍克桑求爱。

霍克桑认为克里斯坚是一个秀外慧中、锦心绣口、勇敢的男人，她深深地爱着克里斯坚的深情与"才华"。后来，霍克桑嫁给了克里斯坚。伯爵特吉许出于报复把克里斯坚和西哈诺送到了前线。在前线，西哈诺依旧不忘每日以克里斯坚的名义写情书给霍克桑，直到克里斯坚阵亡。霍克桑在克里斯坚死后，便进了修道院，她觉得这个世界生趣索然，她唯一的快乐就是西哈诺每个星期六都会去修道院看望她。日子一天天地过着，14 年就这样过去了，西哈诺都没能说出自己心中的秘密。

一天，西哈诺在去往修道院的路上遭到了暗算，重伤的西哈诺坚持着、挣扎着来到霍克桑面前，弥留之际才说出了当年的秘密。这个时候，霍克桑

【图63】 西哈诺雕像

才知道自己深爱的真正爱人是西哈诺，可西哈诺已永远离她而去了。

19世纪80年代，自然主义盛行一时，这时候便出现了一股反对自然主义的新生力量，这个艺术流派就是新浪漫主义。新浪漫主义与自然主义是对立面，新浪漫主义认为文艺是精神的产物，而自然主义则认为事物需要冷静的观察、思考和科学的分析。新浪漫主义认为自然主义的这种看法是缺乏情感的种种表现，使人感到枯燥无味。而《西哈诺》的问世，把新浪漫主义推向了最高峰。

第十章

将真实的社会搬上舞台

（19世纪）

在19世纪的后半叶，资本主义社会腐败黑暗，充满了罪恶。随之出现了批判社会和揭露黑暗的戏剧——现实主义戏剧。现实主义戏剧继承了古希腊、古罗马、文艺复兴和启蒙主义戏剧的特点，结合了时代的特色和精神，在现实主义美学的原则下，将真实的社会搬到了舞台上。

【图 64】 漫画易卜生

娜拉出走以后

亨利克·约翰·易卜生是挪威19世纪伟大的剧作家、诗人（图64）。《玩偶之家》作于1879年，是易卜生社会问题剧的代表。《玩偶之家》讲述了一个女子娜拉的故事。

娜拉与海尔茂是一对夫妻。结婚不久，海尔茂便生了重病，医生告诉娜拉，海尔茂必须到南方休养，不然恐怕有生命危险。这对于这个经济并不宽裕的家庭来说简直是一个晴天霹雳。但是为了挽救丈夫的生命，娜拉还是决定想办法去南方。为了借款，娜拉不惜伪造父亲的签名，才得到了一笔款项。

带着这笔钱，娜拉和海尔茂来到南方。海尔茂在娜拉的悉心照顾下恢复了健康。夫妻俩生儿育女，生活还算幸福，但是海尔茂一直都不知道妻子借款的事情。海尔茂谋到了银行经理一职，正欲大展宏图，娜拉请他帮助老同学林丹太太找份工作，于是海尔茂解雇了手下的小职员柯洛克斯泰，准备让林丹太太接替空出的位置。巧的是被裁掉的柯洛克斯泰就是当年娜拉为给丈夫治病而借债的债权人。柯洛克斯泰拿着字据要挟娜拉，要娜拉为他求情，不然就公开当年的"秘密"。娜拉只好极力请求丈夫收回解雇柯洛克斯泰的成命。但是海尔茂根本不听劝。

为了报复，柯洛克斯泰将这个"秘密"以书信的方式交给了海尔茂。海尔茂看了柯洛克斯泰的揭发信后勃然大怒，骂娜拉是"坏东西""罪犯""下贱女人"，说自己的前程全被毁了。林丹太太去劝说柯洛克斯泰将字据退回，柯洛克斯泰答应了。这时候海尔茂快活地说:"娜拉,我没事了,我饶恕你了。"但娜拉却不饶恕他,因为她已看清,丈夫关心的只是他的地位和名誉,所谓"爱""关心",只是拿她当玩偶。娜拉走了,离开了这个玩偶之家。

在剧中,不管是事件的发生,还是人物之间的关系,都显得巧妙而精密。在创作方法上,《玩偶之家》最佳地体现了戏剧艺术的单纯性、具体性、准确性和逻辑性。整个戏剧的故事情节非常紧凑,矛盾和纠葛也非常多,但是整个剧作的组织结构却清晰而有条理,并且显得非常自然。

庄园的生活

安东·巴甫洛维奇·契诃夫是俄国的世界级小说巨匠，他的剧作对 20 世纪戏剧产生了巨大的影响，是一位现实主义剧作家。

《万尼亚舅舅》是契诃夫的一部现实主义讽刺剧作。

万尼亚在一所庄园中帮助自己的姐夫做管理工作，他一直勤勤恳恳地工作，并且崇拜着自己的姐夫。这天，万尼亚的姐夫谢列勃利亚科夫教授带着他的第二任妻子叶列娜回到了庄园中，谢列勃利亚科夫的到来扰乱了庄园中原本平静的生活，万尼亚渐渐发现，自己耗费青春和生命供养的教授居然是一个废物，自己崇拜了 25 年的偶像居然是一个不学无术的骗子。万尼亚万念俱灰，觉得自己的牺牲没有了意义。

医生阿斯特洛夫是个心灵敏感又感情丰富的人，他来到庄园中为谢列勃利亚科夫医治脚痛风，他见到了年轻美丽的叶列娜，便深深陷入其中，爱上了叶列娜。其实叶列娜跟万尼亚也有着一些过往，万尼亚在年轻的时候，也曾爱过叶列娜。谢列勃利亚科夫总是指责叶列娜不够关心他、不够爱他，这使叶列娜非常苦恼伤心。这些事情让万尼亚越来越觉得自己失去的简直太多了，他决定重新追求叶列娜，并鼓动叶列娜做出越轨的行为。

索尼亚是万尼亚的姐姐和谢列勃利亚科夫所生的女儿，索尼亚心中喜欢阿斯特洛夫医生，但是索尼亚并不是个勇敢的女孩，她觉得自己太丑，不敢向阿斯特洛夫表明心意。索尼亚去请求叶列娜，让她帮自己问清楚阿斯特洛夫的心意。叶列娜去找阿斯特洛夫询问，阿斯特洛夫说自己不爱索尼亚。不仅这样，这个大胆的医生一把搂住了叶列娜，狠狠地吻了上去。这一幕不巧正被万尼亚看到。

谢列勃利亚科夫宣布要将庄园卖掉，然后到芬兰买别墅住。这个庄园是万尼亚的父亲给万尼亚姐姐的嫁妆，这份产业在姐姐过世之后应该是索尼亚的。谢列勃利亚科夫这么做等于是抛弃了万尼亚和索尼亚。万尼亚对谢列勃利亚科夫的这个决定非常不满，他心中的怒火终于爆发，他狠狠地痛斥了教授的无耻，甚至向谢列勃利亚科夫开枪，好在两枪都没有打中。

万尼亚沉浸在痛苦和悔恨中不能自拔，他偷偷地拿到了吗啡，想要自杀。索尼亚百般央求舅舅不要丢下自己离开人世，这样万尼亚才放弃了自杀。经过了这些事情，庄园没能如谢列勃利亚科夫所愿被卖。谢列勃利亚科夫和叶列娜准备回到城里去，夫妻俩向万尼亚道别。万尼亚说以后还会将庄园的收入寄给谢列勃利亚科夫。这两人走后，阿斯特洛夫医生也离开了。庄园又恢复了往日的平静，索尼亚和万尼亚舅舅在庄园中忙碌地工作着。

《万尼亚舅舅》体现了契诃夫戏剧生活化的特点，剧中处处透着真实和自然，并没有激烈的外部冲突和戏剧性。剧作的冲突体现在人物的内心，在看似平淡的描述中，却蕴含了强烈的艺术性，自然、随意地刻画了一个人物鲜明的形象，突出了主题。剧作的描写客观、细致，如同生活本身一样复杂又丰富，让观众在观看剧作的时候，通过对生活的感知，自然而然地流露出对剧作的感想。

《樱桃园》：末代贵族的挽歌

　　《樱桃园》是契诃夫的另一部杰出作品，通过贵族庄园樱桃园被拍卖的过程，表现了旧时代没落与新生活来临时期人们内心所体验的种种情绪。

　　初夏季节，旅居巴黎多年的拉涅夫斯卡娅回到了樱桃园中，与久别的亲人相见，他们相互拥抱，同时也在叹息，因为樱桃园马上就要抵债拍卖了。正当大家都在闲聊的时候，商人洛帕欣提醒女主人拉涅夫斯卡娅，建议她将樱桃园的土地出租，改成别墅，这样或许能够缓解债务危机。洛帕欣的话被埋没在众人的叹息和眼泪中，没有人注意到他的建议。拉涅夫斯卡娅兄妹沉浸在多愁善感的回忆中，以此逃避现实。

　　人们像往常一样过着平凡的生活，做一些琐碎的事情。管家叶皮霍多夫喜欢使女杜莎亚沙，但是杜莎亚沙却钟情于另一个仆人雅沙。雅沙是一个猥琐又势利的人，但是杜莎亚沙却没有看出来，只是疯狂地爱着这个人。洛帕欣不停地劝说拉涅夫斯卡娅兄妹，让他们采取措施，不要让樱桃园被拍卖，但是不管洛帕欣如何恳求他们，他们还是无动于衷。兄妹俩一个整日只知道夸夸其谈，一个只知道回忆往事，两个人在金钱上丝毫不知道收敛。拉涅夫斯卡娅的养女瓦里娅和洛帕欣两情相悦，但是洛帕欣因为一些顾虑，不肯向瓦里娅求婚。这可急坏了瓦里娅。"老大学生"特罗菲莫夫是个有着崇高理想的人，他总是说一些美好的言辞，但都是空口白话，因为现实还是现实。

　　这天拉涅夫斯卡娅在家中举行了一场舞会，舞会上会有一个拍卖环节，以此来拍卖樱桃园。庄园里的人们为樱桃园和自己的未来担忧着，大家一边闲聊，一边还斗嘴。这时候洛帕欣来到了庄园里，告诉大家樱桃园已经被拍卖的消息，买走樱桃园的人正是洛帕欣。拉涅夫斯卡娅一家人失去了樱桃园，非常失落伤心，但是洛帕欣却无比激动。

商人洛帕欣是个农民出身的粗人，但是他非常勤奋，努力地积攒钱财，他终于从父辈贵族老爷的手中买下了这片土地。拉涅夫斯卡娅一家不得不离开樱桃园。洛帕欣终于可以实现自己的愿望，将庄园中的樱桃树全部砍掉，盖上度假别墅，让他的子孙过上他所渴望的生活。大家都纷纷离开，去寻找新的谋生的工作，开始新的生活。瓦里娅最终没有等到洛帕欣的求婚，失望地离开了庄园，开始了漂泊的生活。最后，人们在樱桃树被砍倒的声音中各奔前程。

《樱桃园》是契诃夫一生中最后一部作品，剧中的人物生活在一个看似安稳却非常空虚的状态中，他们丧失了生活的意义，空洞、漫不经心地生存着。契诃夫用幽默的笔调将这种感觉描写得非常细腻，向观众展示了剧中人物的生活。《樱桃园》的两位主人公拉涅夫斯卡娅兄妹是典型的没落贵族阶级，他们不切实际，整日无所事事、多愁善感，即使在经济危机的时候照样花钱大手大脚，丝毫没有能力去挽救将要失去的一切。与这两兄妹形成对照的是商人洛帕欣，他是适应新世界法则的人，虽然他缺乏教养，但是精明能干，又愿意勤奋地面对这一切，就是因为这样才改变了自己的地位，终于得到了梦寐以求的财富。

【图65】　〔捷克〕阿尔丰斯·穆夏《俄罗斯废除农奴制》

《樱桃园》的真实历史背景

　　1861年2月19日沙皇亚历山大二世宣布了农奴解放政策，让过去的奴隶能取得财富与社会地位（图65）。这个政策使得许多贵族破产，甚至在余生过着穷困潦倒的生活。《樱桃园》的故事背景就是在这个时期，当时农奴解放政策已经施行了40年，时代变迁给人们的命运带来了很大的影响，剧作的情节刻画了贵族无力维持他们的社会地位的无奈，也反映了农工阶级力量的强大。

"低贱"的母亲和"高贵"的女儿

《华伦夫人的职业》是萧伯纳的代表作（图66），这部剧作以反映社会问题的深刻性而著称。

华伦夫人出身贫寒，在年轻的时候，为了生计从事出卖肉体的工作。后来华伦夫人有了些钱财，便开了家妓院，从此成了有钱人。华伦夫人生下一个女儿，取名为薇薇。薇薇非常可爱乖巧，但她不知道母亲的职业。在华伦夫人的悉心照料下，薇薇受到良好教育。薇薇从剑桥大学毕业后，华伦夫人打算跟女儿住在一起。

华伦夫人有很多相好和朋友，其中有两个男士都对美丽的薇薇打起了主意。富兰克是个没落的贵族子弟，他想从薇薇身上得到一笔钱财。克罗夫年近半百，自认为有点钱，认为薇薇一定会随了自己。薇薇一直对母亲为自己安排的生活方式非常反感，两人甚至为此争吵。薇薇对母亲的职业产生了怀疑，追问之下知道了实情。她对母亲干的肮脏勾当感到不齿。但当薇薇了解母亲悲惨的身世后就觉得母亲的做法并不羞耻，薇薇原谅了母亲。

华伦夫人和薇薇到牧师家中做客，母女俩非常亲密，这使富兰克感到非常不快，因为他认为华伦夫人是坏女人。富兰克当着薇薇的面怒骂华伦夫人，薇薇既惊讶又伤心。这时候克罗夫也来了，为了讨薇薇欢心，克罗夫向大家炫耀自己的实力，想用钱来打动薇薇。当薇薇了解到克罗夫不仅与母亲合伙做色情生意，并且是母亲的老相好时，这一切让薇薇接受不了。

【图 66】　萧伯纳

薇薇离开母亲，她回到律师事务所，决心永不结婚、永不浪漫。当华伦夫人来挽回薇薇的时候，薇薇告诉母亲，将不会再接受母亲的钱，因为她要自己养活自己，从此走自己喜欢的生活道路。

剧作表面上是在抨击卖淫现象，实际上却是对整个社会的游戏规则做了批评，批判不讲道德、贪婪、腐朽的资产阶级生活。华伦夫人是标准的被社会黑暗同化了的一类人，她为了生活从事卖淫工作，后来通过经营肮脏的行当进入了上流社会。她认清了现实，但她并不是一个爱慕虚荣的女人，也不是一个只会空想的女人。她有魄力，聪明漂亮，靠自己的努力获取了这一切，运用社会的黑暗来改变自己的命运。在这里我们也可以看出萧伯纳对这类卖淫从业者给予了深切同情。

第十一章

现代派：八仙过海，各显神通

（20 世纪）

在现实主义戏剧之后，欧洲又出现了一个重要的流派，那就是现代派戏剧。这个流派由多个小流派组成，如象征主义戏剧、表现主义戏剧、未来主义戏剧、超现实主义戏剧、存在主义戏剧和荒诞派戏剧等。五花八门的小流派让戏剧在这期间出现了百花齐放的现象，可谓是欧洲戏剧史上重要的一笔色彩。

【图67】 格哈特·霍普特曼

钟匠与水妖

格哈特·霍普特曼是德国著名的剧作家（图67），他的代表作《沉钟》是一出五幕童话诗剧，讲述了一个铸钟匠和一口大钟的故事。

海因里希是一位受人尊敬的铸钟匠，他铸造了一口大钟，要将大钟挂在高山上的教堂里。山里住着森林之魔，它非常惧怕钟声，为了阻挠海因里希运送大钟，森林之魔设法折断了运送大钟的车轮，海因里希和大钟一同翻进了山谷中。

住在山谷中的水妖罗登莱茵救了海因里希。当海因里希昏迷醒来睁开眼睛的时候，看到了身边坐着美丽的女子，便对她一见钟情。村民们找到了海因里希，并将他送回了家中。自从海因里希走后，罗登莱茵总是感到失落和伤心，于是她决定到人间去寻找海因里希。海因里希回到家中后已经奄奄一息，村民们也不知如何是好。牧师说一个叫费罗的寡妇有着神奇的能力，有可能治好海因里希。正在这个时候，罗登莱茵伪装成女仆出现在大家面前，她的爱让海因里希重新燃起了对生命的渴望。

海因里希痊愈后随罗登莱茵一同回到山上，过着神仙眷侣的生活。海因里希想要重新造一口大钟，并且要赋予这个钟神奇的力量。水怪和森林之魔都喜欢罗登莱茵，他们非常嫉妒海因里希。村民和牧师找到海因里希，劝他不要再沉迷于水妖，回到原来的生活中去。但是海因里希不听劝阻。他努力研究着新大钟的铸造。海因里希的妻子玛格达忍受不了海因里希的抛弃，跳河自杀了。玛格达的尸体碰撞到了沉在河底的大钟，大钟发出了剧烈的声响。海因里希听到这个声响，悔恨至极。海因里希由于不堪忍受心中的痛苦，濒临疯狂，跑回了家中。罗登莱茵在悲痛中跳入井中，嫁给了水怪。海因里希回到山上的时候，发现一切都被毁掉了，他知道自己将要死掉，但是他希望能见罗登莱茵最后一面。最后海因里希在罗登莱茵的怀中死去。

《沉钟》中存在着两重世界，一个是山下的村落，一个是山上的林间。两个世界的反差特别大，一个象征着现实，一个象征着美好和自由。男主人公"海因里希"从某种程度来说，是霍普特曼自身的写照，霍普特曼力图坚持自己的艺术理想，又摆脱不了现实束缚，《沉钟》就表达了艺术家徘徊在崇高理想与世俗追求之间的矛盾。罗登莱茵是大自然的精灵，是美好的自由的象征，但是她的存在是与世俗的现实世界、道德标准相违背的。海因里希在追求铸钟理想的时候，是有着压力和重负的，他向往自由和美好，但却逃不开世俗世界的束缚，这种纠结在剧中体现得淋漓尽致。

一夜暴富的出纳员之死

　　格奥尔格·凯泽是德国的一位小说家，同时也是一个剧作家。《从清晨到午夜》是凯泽早期表现主义戏剧代表作之一，讲述了一位银行出纳员的故事。

　　主人公整天坐在柜台后面与支票、银币打交道，就这样过了大半辈子。这种工作把主人公变成了一架机器。一天，主人公认识了一位贵妇人，这位贵妇人有着散发着香水气味的头发和娇嫩的手。这样的女人让主人公燃烧起了生活的欲望，他匆忙偷了银行的钱，想要与女人私奔。

　　让主人公没想到的是，他的求爱遭到了拒绝。因为这个女人是一位上流社会的贞洁贤淑的贵妇，不可能接受一个他这样的人。主人公只好自己仓皇出逃，回到老家。在家里，主人公的内心不再平静，他的举止异常，语言也有些神经质，他的这种情况引起了家人的慌乱。不久之后，主人公的母亲突然离开了人世，他有些接受不了，便从家中逃离。主人公来到了室内自行车比赛场，说出钱作为比赛的奖金。巨额的奖金让运动员不知疲倦地拼个你死我活，赛场上更是热血沸腾，热闹得不得了。但是当皇室成员到来的时候，赛场又恢复了平静。当主人公发现金钱无法与权势抗衡时，他愤怒地离去。接着主人公来到一家夜总会，他用金钱寻欢作乐。他在夜总会里挥金如土，让招待员为自己安排了最高档的菜肴，并对夜总会里的假面舞女出手大方，还侮辱这个舞女。发泄完之后，主人公发现用金钱找不到一个自己喜欢的女人。

　　离开夜总会之后，主人公来到了救世军的布道厅。主人公看到人们为了获得灵魂的安宁，在坦白自己的罪行。在这里主人公向众人坦白了自己的偷窃罪行，并将钞票撒向人群。整个大厅乱成了一团，人们争抢着钞票，甚至互相厮打。有一个女孩站在人群中，并没有同大家争抢。主人公看到这个女孩，认为她是一个纯洁无私的人。他感叹地说："世上所有银行里的所有金钱，都买不到任何真正有价值的东西。"但是当警察一到，这个女孩为了获得警方的悬赏，就将主人公出卖了。这时候主人公失望之极，他好不容易建立起来的希望和信心彻底破灭了。最后主人公自杀了，死在了救世军大厅的十字架上。

《从清晨到午夜》是凯泽社会剧中最尖锐的一部作品，同时也是最著名、上演次数最多的一个剧本。剧作在上演后很快就发展到了国际舞台上，并被编入各类选集中去。剧作是表现主义场景剧的早期例子之一，分为两个部分，一共7个场景，剧情是由一个一个的片段组成的。剧作将主人公在一天中的不同场景松散地连接起来，与一般戏剧不同的是，剧作并没有运用往常的环环相扣的处理方式，而是呈现出一种蒙太奇式的跳跃的效果。其实这种安排的方式是按照主人公的心理发展轨迹排序的。

主人公是一位过着循规蹈矩生活的出纳员，携款私奔这一疯狂举动对主人公这种小职员来说，是有些不可理喻的。到底是什么让他做出这样的决定呢？其实主人公是在对枯燥乏味的生活进行反抗，他渴望充满刺激的生活，向往那种有激情、有欲望的生活，他错误地认为金钱可以给他买到他追求的一切。其实不然，金钱带不来什么。当他悟到这一点时，最后的信念崩塌了。

《榆树下的欲望》

　　尤金·奥尼尔是美国戏剧史上最伟大的剧作家。《榆树下的欲望》是尤金·奥尼尔最成功的作品，创作于 1924 年，搬上舞台后很快取得了观众的喜爱。

　　故事发生在 1850 年的美国东部新英格兰地区。在初夏的一天，身强力壮的农夫卡波特带着他的第三任妻子回到了农庄。他已经 70 多岁了，他的新娘安娜比他小了整整 40 岁。老头子跟前妻们生了三个儿子，其中两个儿子对农场的生活产生厌倦，他们一心向往的是加利福尼亚的黄金。而小儿子伊班是卡波特和第二任太太所生，伊班从小便痛恨父亲，因为他认为自己的母亲是被父亲给害死的。两个哥哥去往远方淘金，只留下伊班一人在农场中与继母做"斗争"。

　　老头子答应他的小妻子安娜，如果她能为他生下一个儿子，那么将来农庄的土地就为她所有。这个消息可吓坏了伊班，因为要是这样的话，伊班的所有打算就破灭了。伊班和安娜为了这块土地的继承权问题互不相让。其实安娜心里非常中意伊班，因为伊班年轻又帅气。为了得到伊班，安娜百般诱惑，刚开始伊班并不领情，但是后来他为了所谓的为母亲报仇，竟然投向了安娜的怀抱。

　　就这样过了半年，安娜怀孕了，不容置疑，这个孩子是伊班的。安娜将孩子生下来后，乐坏了老头子，因为是个儿子。老头子邀请街坊邻居前来庆祝。庆祝舞会上，明白其中缘由的邻居们都讽刺老头子，说他年纪一大把根本不可能生出儿子。愤怒的老头子离开了舞会，在院子里老头子遇到了伊班。为了试探事情是否真的像大家说的那样，老头子将安娜以前对自己说的那些诅咒伊班的话，向伊班全盘托出。伊班听后一怒之下准备出走。悲伤的安娜为了证明自己爱伊班，用枕头闷死了他们的孩子。安娜向老头子说出了孩子是伊班的这件事。老头子听后震惊又恼怒，他放走了农场里的所有牲畜，并说要一把火烧掉农庄，不能让伊班和安娜得逞。最后伊班被安娜的真情感动，两人手牵手向警察局走去。

　　《榆树下的欲望》是围绕着欲望的话题来演绎的，通过剧中几个人物之间的冲突，展现了欲望控制下的人们的行为。

一间密室，三个亡灵

　　让－保罗·萨特是法国著名的小说家、哲学家和剧作家，同时他还是一个文艺评论家和社会活动家（图68）。萨特在社会上所涉及的方面特别广泛，这也使他的剧作有着深邃的含义。

　　《禁闭》是一部构思独特的典型的萨特式戏剧，剧中没有离奇曲折的情节，却有激烈的戏剧冲突。剧作中带有浓厚的寓言色彩，讲述了一男两女在密室中发生的故事。加尔散、伊内丝、艾斯黛尔是三个亡灵，他们被带到了一个客厅中。在这个房间里，三个亡灵除了说话什么都不能做，他们彼此交谈着，说着一些生前的事情。大家发现他们在生前都不认识，在谈论的时候，大家都在掩饰自己曾经犯下的罪行。

　　三个亡灵都不能放下人世间的生活，他们非常在意生者对自己的看法。加尔散说自己办了一份和平报纸，因为逃避征兵所以被打死了，他曾经当着妻子的面和情人鬼混，深深伤害了妻子。伊内丝是一个同性恋者，为了跟自己的表嫂在一起，杀死了自己的表哥，后来她的表嫂在一天夜里将煤气罐打开，两人一起结束了生命。艾斯黛尔生前是一个拜金女，为了金钱与父亲的朋友结婚，婚后跟情人生下了一个女儿，为了自己的私欲，她杀死了女儿，情人因接受不了女儿的死而自杀，没过多久艾斯黛尔也生病而死。在这个密室中，他们已经是亡灵，但是他们依旧贪婪、自私。

　　加尔散拼命地想要将大门打开，好离开这里。当门好不容易打开的时候，

【图 68】 萨特

艾斯黛尔要杀了伊内丝，两人纠缠了一会儿发现谁都杀不死对方，因为她们已经是鬼魂了。最终三个人只好在这个封闭的空间里互相折磨到永远。

三个亡灵在密室中的谈话表面上听起来毫无意义，但是却有着深厚的内涵。三人的谈话冷漠而诙谐，其中还透着残酷。在剧中加尔散有这样一句台词："他人即地狱。"这句话是对全剧的一个诠释，充分地表达了该剧的主题思想。剧中的三个人物，每个人的存在对于另外的人来说都是一种威胁，而剧作的主要内容就是探讨人的意识本身，每个人心中都有纷乱的部分，甚至这种纷乱会伴随一个人一生。那到底人存在的意义是什么？其实就是被"他人"注视、被"他人"威胁的过程。在《关于存在主义的几点说明》中萨特曾这样写道："一般来说，存在主义只是一种考察有关人的问题的方法，它拒绝给人以某种永远凝固的本性，舍此之外，它什么都不是。"

在一个没有时间的世界里等待

　　塞缪尔·贝克特是一位爱尔兰作家，1953 年凭借戏剧《等待戈多》声震文坛。《等待戈多》是一出两幕剧（图 69）。第一幕，在乡间的小路上，黄昏时，两个身份不明的流浪汉，弗拉季米尔和爱斯特拉冈正在枯树下等待戈多的到来。他们前言不搭后语地交谈着，并且做出一些滑稽的动作：玩帽子、脱靴子、吃胡萝卜、啃鸡骨头、拉裤子等，以此来消磨时间。这时候主仆二人波卓和幸运儿来了，被两个流浪汉当作了戈多。这时候观众才知道，原来他们苦苦等待的戈多，他们并不认识。

　　直到天快黑时，戈多也没有来。这时候来了一个小孩，这个孩子是戈多的使者。孩子告诉两个流浪汉，戈多今天不来，明天准来。两个流浪汉只好期待着明天能够见到戈多。

　　第二幕，第二天，还是黄昏时刻，两个流浪汉如昨天一样在树下等待戈多的到来。一切都与昨天一样，除了那棵枯萎的老树上长出了几片叶子。爱斯特拉冈激动地在树下来回地走，一会儿停住脚步，一会儿捡起一个靴子闻闻，又厌恶地拿开。弗拉季米尔赤着脚在地上走。两个人有着共同的目的，那就是等待戈多。这时候主仆二人波卓和幸运儿又来了，他们发现一夜之间波卓瞎掉了，幸运儿哑巴了。爱斯特拉冈问波卓是怎么弄成这样的。波卓愤怒地说："你干吗老是用你那混账的时间来折磨我？这是十分卑鄙的！有一天他成了哑巴，有一天我成了瞎子，有一天我们会变成聋子，有一天我们会诞

【图69】 《等待戈多》舞台剧照

生，有一天我们会死去，同样的一天，同样的一秒钟，难道这还不能满足你的要求！"

天黑了，戈多的使者来了，那孩子又捎来口信，说戈多今天不来了，明天准来。两个流浪汉大为绝望，他们想死，想要去上吊，但是他们又不能死，更不能离开这里，因为他们还要等待戈多。

《等待戈多》是贝克特最主要的戏剧作品。剧作从剧情内容到表演形式，都体现出了与传统戏剧大相径庭的荒诞性。贝克特用非常戏剧化的荒诞手法，揭示了世界上的丑陋和混乱现实。无论生存环境是怎样的，人们都要面临一些可怕的东西。剧中人物生存活动的背景是凄凉而恐怖的，他们将要面临人生的痛苦与不幸，并且会走到孤立无援、生死不能、绝望的境地。

剧作的结局不是传统的悲剧结局，但是却胜过了悲剧结局。戏剧作为一种精神艺术，一直站在鼓舞人们乐观和勇敢面对生活的立场上，但是《等待戈多》却不是。它深深地向人们表达了一种匪夷所思的感情，那就是人们在等待缥缈希望时候的感受，明明知道可能不会实现，但它却是唯一的希望，只能怀着一种希望的心情去等待，因为别无他法。

剧中的两个流浪汉所代表的是全人类。他们做的都是无意识、无意义的木偶式的动作。这种形象是非常抽象的，也有点模糊，两个主角之间的谈话琐碎无聊，没有主题。他们所做的一切都是为了戈多，但是戈多是否存在他们都不知道，这就是最可悲的地方。主仆二人波卓和幸运儿代表的是人们肉体和精神之间的关系。他们二人之间永远有一根绳索拴着，一个主人、一个奴隶，他们的关系是最原始的状态。波卓在剧中显得非常高调，他残酷无情，时不时地要虐待幸运儿。幸运儿整天要侍候波卓，任劳任怨。

至于戈多，他是一个抽象化的人物，人们不知道他的相貌、他的年龄，甚至不知道他是谁。戈多始终没有出现，他作为人们心中的一种期盼，同时也是一种绝望而存在着。

当人变成了犀牛

　　《犀牛》是法国荒诞派剧作家尤奈斯库的代表作。剧作围绕小公务员贝朗热的一场荒诞奇遇展开。贝朗热是一个社会下层人物，他是一家出版社的校对员。这天，贝朗热和朋友约好要去广场附近的咖啡店喝咖啡。贝朗热和朋友是同时到达咖啡店的，当朋友看到贝朗热的时候，大声地责怪贝朗热不修边幅、精神萎靡。贝朗热听着朋友的训斥，整理着自己的衣服。正在他们说话的时候，大街上出现一头奔跑的犀牛。犀牛一边跑，一边还发出奇怪的吼叫声。贝朗热看了一眼犀牛，没有当回事儿。朋友却骂骂咧咧的，说市政府没用，竟然让一头牛跑到了闹市里。说完，朋友就气呼呼地走了。

　　出版社里的工作人员在激烈地讨论着犀牛事件，他们争论着犀牛有几个角，犀牛的数量是多少等。正当人们说得热火朝天的时候，科员博夫先生的太太来到了办公室里，她是来为她生病在家的丈夫请假的。博夫太太气喘吁吁，并说自己从一出门就被一头犀牛追着跑，现在犀牛就在出版社的楼下。这时候楼梯突然塌了，原来是犀牛闯了进来，博夫太太突然惊呼，说犀牛是她的丈夫变的。博夫太太飞快地跑了下去，跳到了犀牛的背上，乘着犀牛离开了。消防队员来到了事发现场，让大家赶快撤离办公室，贝朗热是最后一个离开的。

　　贝朗热想起了他的朋友，他们上次不欢而散。贝朗热想着去跟朋友和解，便来到了朋友家中。朋友卧病在床，声音嘶哑，看起来痛苦不堪。贝朗热关心地问候朋友，正在这时候，奇怪的事情发生了！朋友头上突然长起了角，皮肤也变成墨绿色。一瞬间朋友变成一头犀牛。犀牛使劲地抵着贝朗热，并要踩死他。惊慌的贝朗热突然发现身边的人全部变成了犀牛。贝朗热只好逃跑。贝朗热逃回了家中，他躺在床上，听到周围都是犀牛的叫声，他很害怕自己也变成一头犀牛。

同事杜达尔来看望贝朗热，杜达尔说他们的科长也变成犀牛了。杜达尔刚说完，泰西也来了。泰西说城里的许多人都变成了犀牛，还有红衣主教也变成了犀牛。最终，杜达尔也变成了一头犀牛。惊恐万分的贝朗热紧紧地将泰西抱在怀里，因为这个城里只有他们两个人还没有变成犀牛。泰西看着街上的犀牛群，她抵抗不了犀牛的诱惑，也变成了一头犀牛。贝朗热无助地照着镜子，他突然觉得自己很丑，犀牛才是美丽的。最后只剩下贝朗热一个人，举着枪说自己绝不屈服。

《犀牛》是一部典型的荒诞派戏剧。荒诞派戏剧是20世纪各种流派的戏剧当中比较受人瞩目的一个派别，它在这个时期占据特别重要的地位。20世纪50年代开始，荒诞派戏剧在法国崛起，之后在欧美等地流行。荒诞派戏剧没有一定的戏剧纲领，更没有掀起过什么运动，只是用一种荒诞的手法将现实编制到戏剧中的剧作家所形成的流派。

中外戏剧

策　　划	高　欣	品牌运营	孙　莉
销售总监	彭美娜	执行编辑	陈　静
营销编辑	王晓琦　张　颖	技术编辑	李　雁
装帧设计	高高国际		

微信公号 | 高高国际

法律顾问 | 北京万景律师事务所　创始合伙人　贺芳　律师